微信小程序云开发
——Spring Boot+Node.js项目实战

吴 胜 ◎ 编著

清华大学出版社
北京

内 容 简 介

本书主要包括微信小程序开发入门、微信小程序云开发(简称云开发)简介、云开发控制台的应用、不使用云服务的小程序开发示例、云开发中小程序端数据库开发、云开发中小程序端存储开发、云开发中云函数开发、云开发中服务端存储开发、云开发中服务端数据库开发、Spring Boot 访问云开发 API、Node.js 访问云开发 API、小程序与 Spring Boot 整合开发及云开发对比等内容,并结合一个案例说明开发的整个过程。

本书以知识点精讲与实战案例相结合的方式,由浅入深地介绍相关知识,并以学习难度由小到大和应用开发步骤的先后顺序来组织各个章节的内容,同时还配备了实战案例的操作视频,可以帮助读者更好地理解和掌握微信小程序云开发技术。

本书内容通俗易懂,适合微信小程序云开发的初学者(特别是在校学生)、微信开发者和前端开发爱好者等作为自学的入门读物、开发过程的参考书使用,也可以作为学校的教材。

本书封面贴有清华大学出版社防伪标签,无标签者不得销售。
版权所有,侵权必究。举报: 010-62782989,beiqinquan@tup.tsinghua.edu.cn。

图书在版编目(CIP)数据

微信小程序云开发: Spring Boot+Node.js 项目实战/吴胜编著. —北京: 清华大学出版社,2020.6 (2022.1重印)
(清华科技大讲堂)
ISBN 978-7-302-55079-2

Ⅰ.①微… Ⅱ.①吴… Ⅲ.①移动终端-应用程序-程序设计 Ⅳ.①TN929.53

中国版本图书馆 CIP 数据核字(2020)第 039389 号

责任编辑: 陈景辉　张爱华
封面设计: 刘　键
责任校对: 时翠兰
责任印制: 宋　林

出版发行: 清华大学出版社
网　　址: http://www.tup.com.cn, http://www.wqbook.com
地　　址: 北京清华大学学研大厦 A 座　　　　邮　编: 100084
社 总 机: 010-62770175　　　　　　　　　　邮　购: 010-83470235
投稿与读者服务: 010-62776969, c-service@tup.tsinghua.edu.cn
质量反馈: 010-62772015, zhiliang@tup.tsinghua.edu.cn
课件下载: http://www.tup.com.cn,010-83470236

印 装 者: 三河市金元印装有限公司
经　　销: 全国新华书店
开　　本: 185mm×260mm　　印　张: 18.75　　字　数: 454 千字
版　　次: 2020 年 8 月第 1 版　　　　　　　　印　次: 2022 年 1 月第 3 次印刷
印　　数: 2501~3300
定　　价: 59.90 元

产品编号: 087248-01

前言

微信小程序发展很快,应用领域越来越多。但是,在云开发出现之前,开发时面临着在数据库、存储实现方面的挑战。虽然可以通过后端服务(如整合 Spring Boot 和 MySQL)的方式提供数据库、存储服务,但是相对小程序的"轻便""小巧"而言这种方案不是一种轻量、"小型"的解决方案,不仅开发过程更为复杂,后期的维护管理也略显困难。小程序官方提供的云开发方案较好地解决了这一问题。本书在第 12 章通过一个案例的两种实现方式(一种方式是通过微信小程序、Spring Boot 和 MySQL 整合实现,另一种方式通过微信小程序云开发实现)的对比说明了这一点。

云开发为开发者提供完整的原生云端支持和微信服务支持,弱化后端和运维概念,无须搭建服务器,使用云开发平台提供的 API 进行核心业务开发即可实现快速上线和迭代,同时这一功能能与开发者已经使用的云服务相互兼容。云开发提供了一整套云服务及简单易用的 API 和管理界面,以尽可能地降低后端开发成本;让开发者轻松完成后端的操作和管理,能够专注于核心业务逻辑的开发。开发者可以使用云开发方案开发微信小程序、小游戏。通过云开发方案微信小程序就成功实现了一种前端(小程序端)、后端(服务端)、数据库全技术栈的一揽子、轻量级方案,这对开发者来说,意味着云开发时微信小程序开发功能更强、学习成本更低。

而且,云开发中 HTTP API 提供了非小程序端的其他应用(服务)访问云开发资源的功能,通过这些公共的 API 开发者可以用不同的开发语言、框架和方法在已有服务器上访问云资源(数据库、存储和云函数),实现与云开发资源的互通。考虑微信云函数使用的 Node.js 和 Java 语言的通用性、Spring Boot 的简易性,本书分别在第 10 章和第 11 章介绍如何用 Spring Boot、Node.js 来访问云开发中的 API。通过这两章的对比,可以看出云开发中 API 调用的简便性和一致性。

对于学校来说,开设微信小程序(含组件、API 和云开发)相关课程的可行性和必要性进一步增加了;对于学习者而言,学习这方面知识的必要性也增加了。

本书主要介绍微信小程序云开发知识,涉及其他相关内容也是为更好地介绍微信小程序云开发知识。本书的读者对于微信小程序可以是零基础的。当然,如果读者需要更深入地了解微信小程序开发知识(非云开发的其他知识)则需要进行更深入的学习。

鉴于目前介绍这方面知识的书籍较少,为了帮助读者更好地掌握微信小程序云开发技术,本书循序渐进地介绍微信小程序云开发知识和示例代码。为了帮助读者更好地安排学习时间和帮助教师更好地安排课时,在下表中给出了各章的建议学时,建议学时分为理论学习学时和实践学时。

内容	建议理论学时	建议实践学时
第1章 微信小程序开发入门	2	1
第2章 微信小程序云开发简介	2	1
第3章 云开发控制台的应用	2	2
第4章 不使用云服务的小程序开发示例	2	2
第5章 云开发中小程序端数据库开发	2	2
第6章 云开发中小程序端存储开发	2	2
第7章 云开发中云函数开发	2	2
第8章 云开发中服务端存储开发	1	1
第9章 云开发中服务端数据库开发	2	1
第10章 Spring Boot 访问云开发 API	2	3
第11章 Node.js 访问云开发 API	2	2
第12章 小程序与 Spring Boot 整合开发及云开发对比	2	2
第13章 案例	1	3
合计学时	24	24

在开设相关课程时可以根据总课时、学生基础和教学目标等情况调整各章的学时。读者也可以有选择地阅读本书内容并安排好学时。

本书的主要内容参考了微信小程序官方文档,在参考文献中已经列出,在此向微信小程序云开发解决方案和官方文档的作者表示衷心的感谢和深深的敬意。本书在尽量遵守官方文档顺序的前提下按照学习难度由小到大、应用开发步骤的先后次序进行了内容的重新编排,对文档中数据库和存储、云函数和示例代码进行了调整,对官方文档中个别疑问之处进行了调整,为了节约篇幅去掉了一些重复内容或者需要读者查看的一些官方文档内容。读者在学习的过程中,如果发现有疑问请参考官方文档并以实际可运行的代码作为解决疑问的判断依据。

配套资源

为便于教与学,本书配有240分钟微课视频、程序源码、教学课件、教学大纲、教学进度表、教案、习题答案、考试试卷。

(1) 获取教学视频方式:读者可以先扫描本书封底的文泉云盘防盗码,再扫描书中相应的视频二维码,观看教学视频。

(2) 获取源代码方式:先扫描本书封底的文泉云盘防盗码,再扫描下方二维码,即可获取。

源代码

源代码使用说明

(3) 其他配套资源可以扫描本书封底的课件二维码下载。

由于时间短,加上编者水平有限,书中难免有疏漏之处,敬请读者朋友批评指正。

作 者
2020年7月

目 录

第 1 章 微信小程序开发入门 ·· 1
   1.1 微信小程序简介 ·· 1
      1.1.1 微信小程序的特点 ·· 1
      1.1.2 微信小程序的发展 ·· 2
      1.1.3 微信小程序的技术背景 ·· 4
   1.2 微信开发者工具的使用 ·· 5
      1.2.1 开发工具的启动 ··· 5
      1.2.2 新建小程序项目 ··· 5
      1.2.3 开发工具的构成 ··· 8
   1.3 不使用云服务的小程序项目构成 ··· 9
      1.3.1 项目级文件 ··· 9
      1.3.2 公共文件 ·· 13
      1.3.3 页面级文件 ··· 14
   1.4 WXML、WXSS、JavaScript 和 WXS ·· 16
      1.4.1 WXML ··· 16
      1.4.2 WXSS ··· 17
      1.4.3 JavaScript ·· 17
      1.4.4 WXS ··· 19
   1.5 微信小程序的开发步骤和设计指南 ·· 22
      1.5.1 微信小程序开发的一般步骤 ·· 22
      1.5.2 微信小程序的设计指南 ··· 22
   1.6 微信小程序的基本原理 ··· 23
      1.6.1 小程序的框架 ·· 23
      1.6.2 小程序的逻辑层 ··· 25
      1.6.3 小程序的生命周期 ·· 25
      1.6.4 小程序的视图层 ··· 26
      1.6.5 小程序的事件系统 ·· 27
      1.6.6 小程序的运行 ·· 27
   习题 1 ·· 28

第 2 章 微信小程序云开发简介 ... 29

2.1 微信小程序云开发的发展 ... 29
2.1.1 与云开发相关的微信小程序基础库的发展 ... 29
2.1.2 微信小程序云开发 wx-server-sdk 的发展 ... 29
2.1.3 IDE 云开发和云控制台的发展 ... 30

2.2 微信小程序云开发的特点与优势 ... 31
2.2.1 微信小程序云开发的特点 ... 31
2.2.2 与传统开发对比小程序云开发的优势 ... 31

2.3 微信小程序云开发解决方案提供的主要服务 ... 32
2.3.1 数据库 ... 32
2.3.2 存储 ... 32
2.3.3 云函数和云托管 ... 33
2.3.4 云调用 ... 33
2.3.5 HTTP 应用程序接口 ... 34

2.4 微信小程序云开发的一般步骤 ... 34
2.4.1 注册小程序账号和准备开发环境 ... 34
2.4.2 创建小程序云开发项目 ... 34
2.4.3 开通云开发并配置云开发环境 ... 35
2.4.4 通过云开发控制台管理云资源 ... 35
2.4.5 使用云开发创建小程序 ... 37

习题 2 ... 37

第 3 章 云开发控制台的应用 ... 38

3.1 通过云开发控制台进行运营分析 ... 38
3.1.1 查看资源使用情况 ... 38
3.1.2 查看用户访问情况 ... 39
3.1.3 查看监控统计情况 ... 39

3.2 通过云开发控制台管理数据库 ... 41
3.2.1 创建数据集合 ... 41
3.2.2 添加记录 ... 42
3.2.3 数据导出和导入 ... 43
3.2.4 添加字段 ... 45
3.2.5 索引管理 ... 45
3.2.6 权限设置 ... 47
3.2.7 高级操作 ... 47

3.3 通过云开发控制台进行存储管理 ... 48
3.3.1 上传文件 ... 48
3.3.2 新建文件夹 ... 50

    3.3.3 删除文件和文件夹 ……………………………………………………… 51
    3.3.4 权限设置 ……………………………………………………………… 51
3.4 通过云开发控制台进行云函数管理 ………………………………………… 52
    3.4.1 显示云函数列表 ……………………………………………………… 52
    3.4.2 新建云函数 …………………………………………………………… 52
    3.4.3 云端测试 ……………………………………………………………… 53
    3.4.4 配置云函数和删除云函数 …………………………………………… 55
    3.4.5 查看云函数信息 ……………………………………………………… 56
    3.4.6 查看日志信息 ………………………………………………………… 56
    3.4.7 高级日志 ……………………………………………………………… 57
3.5 云开发控制台的设置 ………………………………………………………… 57
    3.5.1 显示云开发环境 ……………………………………………………… 57
    3.5.2 设置云函数接收消息推送 …………………………………………… 58
    3.5.3 设置告警信息 ………………………………………………………… 59
习题 3 ………………………………………………………………………………… 60

第 4 章 不使用云服务的小程序开发示例 …………………………………… 61

4.1 基于微信小程序组件的开发示例 …………………………………………… 61
    4.1.1 修改文件 app.json ………………………………………………… 61
    4.1.2 修改文件 travel.wxml ……………………………………………… 62
    4.1.3 修改文件 travel.js ………………………………………………… 63
    4.1.4 修改文件 travel.wxss ……………………………………………… 64
    4.1.5 运行程序 ……………………………………………………………… 64
4.2 基于微信小程序 API 的开发示例 …………………………………………… 66
    4.2.1 修改文件 app.json ………………………………………………… 66
    4.2.2 修改文件 imgprocess.json ………………………………………… 66
    4.2.3 修改文件 imgprocess.wxml ………………………………………… 66
    4.2.4 修改文件 imgprocess.js …………………………………………… 67
    4.2.5 运行程序 ……………………………………………………………… 68
4.3 基于自定义组件的微信小程序开发示例 …………………………………… 69
    4.3.1 创建子组件 mycomponent 并修改文件 mycomponent.wxml ……… 69
    4.3.2 修改文件 mycomponent.js ………………………………………… 70
    4.3.3 修改文件 app.json ………………………………………………… 70
    4.3.4 修改文件 callmycom.json ………………………………………… 71
    4.3.5 修改文件 callmycom.wxml ………………………………………… 71
    4.3.6 运行程序 ……………………………………………………………… 71
习题 4 ………………………………………………………………………………… 72

第5章 云开发中小程序端数据库开发 … 73

5.1 基础概念 … 73
5.1.1 数据类型 … 73
5.1.2 权限控制 … 74
5.1.3 初始化 … 74

5.2 在小程序端向集合中插入数据 … 75
5.2.1 API 说明 … 75
5.2.2 辅助工作 … 75
5.2.3 修改文件 app.json … 75
5.2.4 修改文件 insertData.wxml … 76
5.2.5 修改文件 insertData.js … 76
5.2.6 运行程序 … 78

5.3 在小程序端查询数据 … 78
5.3.1 API 说明 … 78
5.3.2 辅助工作 … 79
5.3.3 修改文件 getData.wxml … 79
5.3.4 修改文件 getData.js … 79
5.3.5 运行程序 … 81
5.3.6 运行程序后控制台中 JSON 结果数据的检验说明 … 82

5.4 在小程序端使用查询指令 … 83
5.4.1 API 说明 … 83
5.4.2 辅助工作 … 83
5.4.3 修改文件 dbcommandex.wxml … 84
5.4.4 修改文件 dbcommandex.js … 84
5.4.5 运行程序 … 86

5.5 在小程序端更新数据和使用更新指令 … 87
5.5.1 API 说明 … 87
5.5.2 辅助工作 … 87
5.5.3 修改文件 updatedata.wxml … 88
5.5.4 修改文件 updatedata.js … 90
5.5.5 运行程序 … 92

5.6 在小程序端删除数据 … 93
5.6.1 API 说明 … 93
5.6.2 辅助工作 … 93
5.6.3 修改文件 deletedata.wxml … 94
5.6.4 修改文件 deletedata.js … 94
5.6.5 运行程序 … 95

5.7 在小程序端对集合的其他操作方法 … 95

	5.7.1 API 说明 ··· 95
	5.7.2 辅助工作 ··· 97
	5.7.3 修改文件 otherCollectionMethods.wxml ···················· 97
	5.7.4 修改文件 otherCollectionMethods.js ······················· 97
	5.7.5 运行程序 ··· 99
5.8	在小程序端正则表达式的用法 ··· 100
	5.8.1 API 说明 ··· 100
	5.8.2 辅助工作 ··· 100
	5.8.3 修改文件 dbRegExp.wxml ··· 101
	5.8.4 修改文件 dbRegExp.js ··· 101
	5.8.5 运行程序 ··· 102
5.9	在小程序端处理地理信息 db.Geo ·· 102
	5.9.1 API 说明 ··· 102
	5.9.2 辅助工作 ··· 103
	5.9.3 修改文件 dbGeoEx.wxml ·· 103
	5.9.4 修改文件 dbGeoEx.js ··· 104
	5.9.5 运行程序 ··· 109
5.10	在小程序端聚合的用法 ··· 110
	5.10.1 聚合说明 ··· 110
	5.10.2 API 说明 ··· 111
	5.10.3 辅助工作 ··· 115
	5.10.4 修改文件 dbAggEx.wxml ··· 115
	5.10.5 修改文件 dbAggEx.js ·· 116
	5.10.6 运行程序 ··· 118
习题 5 ·· 119

第 6 章 云开发中小程序端存储开发 ··· 120

6.1	基础知识 ··· 120
	6.1.1 存储功能简介 ·· 120
	6.1.2 文件名命名规则 ·· 120
6.2	在小程序端上传文件 ·· 121
	6.2.1 API 说明 ··· 121
	6.2.2 辅助工作 ··· 122
	6.2.3 修改文件 uploadFileEx.wxml ···································· 122
	6.2.4 修改文件 uploadFileEx.js ··· 122
	6.2.5 运行程序 ··· 123
6.3	在小程序端下载文件 ·· 123
	6.3.1 API 说明 ··· 123
	6.3.2 辅助工作 ··· 124

	6.3.3 修改文件 downloadFileEx.wxml	124
	6.3.4 修改文件 downloadFileEx.js	125
	6.3.5 运行程序	125
6.4	在小程序端删除文件	126
	6.4.1 API 说明	126
	6.4.2 辅助工作	126
	6.4.3 修改文件 deleteFileEx.wxml	127
	6.4.4 修改文件 deleteFileEx.js	127
	6.4.5 运行程序	127
6.5	在小程序端换取临时链接	128
	6.5.1 API 说明	128
	6.5.2 辅助工作	129
	6.5.3 修改文件 getTempFileURLEx.wxml	129
	6.5.4 修改文件 getTempFileURLEx.js	129
	6.5.5 运行程序	130
6.6	在小程序端使用组件和 API 来访问云端文件	130
	6.6.1 说明和辅助工作	130
	6.6.2 修改文件 componentAPIsEx.wxml	131
	6.6.3 修改文件 componentAPIsEx.js	131
	6.6.4 运行程序	131
习题 6		132

第 7 章 云开发中云函数开发 · 133

7.1	相关说明	133
	7.1.1 云端初始化	133
	7.1.2 常量 DYNAMIC_CURRENT_ENV	134
	7.1.3 工具类 getWXContext()和 logger()方法	134
	7.1.4 在开发者工具中管理云函数	135
	7.1.5 本地调试	135
	7.1.6 运行工作原理	136
7.2	Node.js 相关知识	137
	7.2.1 Node.js 介绍	137
	7.2.2 Node.js 的模块和包	137
7.3	云函数 myfirstfun 的实现与本地调试	138
	7.3.1 说明	138
	7.3.2 云函数 myfirstfun 自动生成文件 package.json 的代码	139
	7.3.3 云函数 myfirstfun 自动生成文件 index.js 的代码及说明	139
	7.3.4 修改 index.js 文件实现云函数 myfirstfun	140
	7.3.5 本地调试云函数 myfirstfun	140

目录

- 7.4 云函数 myfirstfun 上传并部署到云端和小程序端调用 144
  - 7.4.1 上传并部署云函数 144
  - 7.4.2 小程序端 API 说明 144
  - 7.4.3 辅助工作 145
  - 7.4.4 修改文件 callMyFirstFun.wxml 145
  - 7.4.5 修改文件 callMyFirstFun.js 145
  - 7.4.6 运行程序 146
- 7.5 同步、下载云函数 subMath 并在小程序端调用 147
  - 7.5.1 同步、下载云函数 subMath 147
  - 7.5.2 云函数 subMath 的文件 index.js 代码 148
  - 7.5.3 辅助工作 148
  - 7.5.4 修改文件 callsubMath.wxml 148
  - 7.5.5 修改文件 callsubMath.js 149
  - 7.5.6 运行程序 149
- 7.6 云函数中异步操作 150
  - 7.6.1 实现异步云函数 asyncFunctionEx 150
  - 7.6.2 辅助工作 150
  - 7.6.3 修改文件 callAsyncFun.wxml 151
  - 7.6.4 修改文件 callAsyncFun.js 151
  - 7.6.5 运行程序 152
- 7.7 云函数调用其他云函数 152
  - 7.7.1 服务端 API 说明和辅助工作 152
  - 7.7.2 辅助工作 152
  - 7.7.3 实现云函数 mysecondfun 153
  - 7.7.4 本地调试后上传部署云函数 mysecondfun 154
  - 7.7.5 修改文件 callMySecondFun.wxml 154
  - 7.7.6 修改文件 callMySecondFun.js 154
  - 7.7.7 运行程序 156
- 7.8 云函数高级日志的使用 157
  - 7.8.1 API 说明和辅助工作 157
  - 7.8.2 实现云函数 myuseloggerfun 157
  - 7.8.3 本地调试云函数 myuseloggerfun 157
- 习题 7 158

第 8 章 云开发中服务端存储开发 159

- 8.1 在服务端上传文件 159
  - 8.1.1 API 说明 159
  - 8.1.2 实现云函数 myuploadfilefun 160
  - 8.1.3 辅助工作与本地测试 160

8.2 在服务端下载文件 ··· 161
   8.2.1 API 说明 ·· 161
   8.2.2 实现云函数 mydownloadfilefun ··········· 161
8.3 在服务端删除文件 ··· 162
   8.3.1 API 说明 ·· 162
   8.3.2 实现云函数 mydeletefilefun ·················· 162
   8.3.3 辅助工作与本地测试 ···························· 163
8.4 在服务端换取临时链接 ······································ 163
   8.4.1 API 说明 ·· 163
   8.4.2 实现云函数 mygettempfileurlfun ·········· 164
   8.4.3 辅助工作与本地测试 ···························· 164
8.5 服务端函数调用云函数 ······································ 165
   8.5.1 实现云函数 mythirdfun ························· 165
   8.5.2 辅助工作与本地测试 ···························· 166

习题 8 ·· 166

第 9 章 云开发中服务端数据库开发 ············ 167

9.1 相关说明 ··· 167
   9.1.1 服务端调用 ·· 167
   9.1.2 数据库服务端 API 的特点 ···················· 168
   9.1.3 数据库触发网络请求的 API ················· 168
9.2 针对 collection 的服务端 API 的说明和应用开发 ············ 168
   9.2.1 get()方法的说明和应用开发 ················· 168
   9.2.2 add()方法的说明和应用开发 ················ 172
   9.2.3 update()方法的说明和应用开发 ··········· 173
   9.2.4 remove()方法的说明和应用开发 ·········· 174
   9.2.5 count()方法的说明和应用开发 ············· 174
   9.2.6 orderBy()方法的说明和应用开发 ········· 175
   9.2.7 field()方法的说明和应用开发 ··············· 176
9.3 针对 doc 的服务端 API 的说明和应用开发 ···· 177
   9.3.1 针对 doc 的服务端 API 的说明 ············ 177
   9.3.2 实现云函数 docsmethodsAPIfun ·········· 177
   9.3.3 本地调试云函数 docsmethodsAPIfun ····· 178
9.4 服务端正则表达式的应用开发 ······················· 178
   9.4.1 实现云函数 dbregexfun ·························· 178
   9.4.2 本地调试云函数 dbregexfun ················· 179
9.5 服务端 API 中 serverDate()方法的说明和应用开发 ········· 179
   9.5.1 服务端 API 中 serverDate()方法的说明 ······· 179
   9.5.2 实现云函数 serverdatefun ······················ 179

9.5.3 本地调试云函数 serverdatefun ………… 180

9.6 服务端 Geo 对象的应用开发 ………… 181
    9.6.1 实现云函数 dbgeoobjfun ………… 181
    9.6.2 本地调试云函数 dbgeoobjfun ………… 184

9.7 针对 command 的服务端 API 的说明和应用开发 ………… 185
    9.7.1 针对 command 的服务端 API 的说明 ………… 185
    9.7.2 实现云函数 dbcommandmethodsfun ………… 185
    9.7.3 本地调试云函数 dbcommandmethodsfun ………… 187

9.8 服务端 createCollection() 方法的应用开发 ………… 187
    9.8.1 服务端 createCollection() 方法的说明 ………… 187
    9.8.2 实现云函数 createcollectionfun ………… 188
    9.8.3 本地调试云函数 createcollectionfun ………… 188

9.9 针对集合的服务端 API 的应用开发 ………… 189
    9.9.1 实现云函数 aggregateexfun ………… 189
    9.9.2 本地调试云函数 aggregateexfun ………… 190

习题 9 ………… 191

第 10 章 Spring Boot 访问云开发 API ………… 192

10.1 调用云函数的 API ………… 192
    10.1.1 说明 ………… 192
    10.1.2 用 IDEA 创建项目 testwxmpchttpapi 并添加依赖 ………… 193
    10.1.3 创建类 CallCloudFunctionController ………… 193
    10.1.4 修改配置文件 application.properties ………… 194
    10.1.5 运行程序 ………… 195

10.2 调用对数据库进行增、删、改、查操作的 API ………… 196
    10.2.1 创建类 CloudDBCRUDController ………… 196
    10.2.2 运行程序 ………… 198

10.3 调用对数据库进行迁移相关操作的 API ………… 201
    10.3.1 创建类 DataMigrateController ………… 201
    10.3.2 运行程序 ………… 203

10.4 调用对存储进行相关操作的 API ………… 205
    10.4.1 创建类 StroageManageController ………… 205
    10.4.2 运行程序 ………… 206

10.5 调用获取 Token 的 API ………… 208
    10.5.1 两类 Token 的说明 ………… 208
    10.5.2 创建类 GetTokenController ………… 208
    10.5.3 运行程序 ………… 209

习题 10 ………… 210

第 11 章 Node.js 访问云开发 API ········ 211

11.1 调用云函数的 API ········ 211
- 11.1.1 辅助工作 ········ 211
- 11.1.2 创建文件 CallCloudFunctionController.js ········ 211
- 11.1.3 创建文件 testCallCloudFC.js ········ 212
- 11.1.4 运行文件 testCallCloudFC.js ········ 213

11.2 调用对数据库进行增、删、查、改操作的 API ········ 213
- 11.2.1 创建文件 MyTokenUtil.js ········ 213
- 11.2.2 创建文件 postandcreatefun.js ········ 213
- 11.2.3 创建文件 testdatabaseCollectionGet.js ········ 214
- 11.2.4 创建文件 testdatabaseCollectionAdd.js ········ 214
- 11.2.5 创建文件 CloudDBCRUDController.js ········ 215
- 11.2.6 创建文件 testCloudDBCRUDC.js ········ 215
- 11.2.7 运行文件 testCloudDBCRUDC.js ········ 216
- 11.2.8 实现方式说明 ········ 216
- 11.2.9 创建、运行文件 testdatabaseAddDocs.js ········ 216
- 11.2.10 创建、运行文件 testdatabaseDeleteDocs.js ········ 217
- 11.2.11 创建、运行文件 testdatabaseUpdate.js ········ 217
- 11.2.12 创建、运行文件 testdatabaseQuery.js ········ 218
- 11.2.13 创建、运行文件 testdatabaseCount.js ········ 218

11.3 调用对数据库进行迁移相关操作的 API ········ 219
- 11.3.1 创建、运行文件 testdatabaseMigrateExport.js ········ 219
- 11.3.2 创建、运行文件 testdatabaseMigrateImport.js ········ 219
- 11.3.3 创建、运行文件 databaseMigrateQueryInfo.js ········ 220

11.4 调用对存储进行相关操作的 API ········ 220
- 11.4.1 创建、运行文件 testuploadFile.js ········ 220
- 11.4.2 创建、运行文件 testbatchDownloadFile.js ········ 221
- 11.4.3 创建、运行文件 testbatchDeleteFile.js ········ 221

11.5 调用获取 Token 的 API ········ 222
- 11.5.1 创建、运行文件 testgetQcloudToken.js ········ 222
- 11.5.2 运行文件 testgetQcloudToken.js ········ 222

习题 11 ········ 222

第 12 章 小程序与 Spring Boot 整合开发及云开发对比 ········ 223

12.1 Spring Boot 作为后端开发工具 ········ 223
- 12.1.1 添加依赖 ········ 223
- 12.1.2 创建类 Person ········ 224
- 12.1.3 创建类 PersonController ········ 224

12.1.4　创建类 User …… 225
　　12.1.5　创建接口 UserRepository …… 225
　　12.1.6　创建类 UserController …… 226
　　12.1.7　创建配置文件 application.yml …… 226
　　12.1.8　运行程序 …… 227
12.2　微信小程序前端开发 …… 227
　　12.2.1　修改文件 app.json …… 227
　　12.2.2　修改 homeofsb 页面的 wxml、js 和 json 文件 …… 228
　　12.2.3　修改 listperson 页面的 wxml、js 和 json 文件 …… 229
　　12.2.4　修改 users 页面的 wxml、js、json 和 wxss 文件 …… 230
　　12.2.5　运行程序 …… 232
12.3　同样效果的云开发实现 …… 232
　　12.3.1　通过云开发控制台增加集合和记录 …… 232
　　12.3.2　通过云开发控制台设置两个集合权限 …… 233
　　12.3.3　修改文件 app.json …… 234
　　12.3.4　修改 homeofwxmpcloud 页面的 wxml、js 和 json 文件 …… 234
　　12.3.5　修改 personinfo 页面的 wxml、js 和 json 文件 …… 235
　　12.3.6　修改 allusers 页面的 wxml、js、json 和 wxss 文件 …… 236
　　12.3.7　运行程序 …… 237
习题 12 …… 237

第 13 章　案例 …… 238

13.1　准备工作 …… 238
　　13.1.1　通过云开发控制台增加集合 city 和记录、上传文件 …… 238
　　13.1.2　实现云函数 addcityinfomationfun …… 238
　　13.1.3　实现云函数 deleteacityfun …… 239
　　13.1.4　修改文件 app.json …… 240
13.2　4 个页面的实现 …… 240
　　13.2.1　修改 homeofcitycloud 页面的 wxml、js 文件 …… 240
　　13.2.2　修改 listcities 页面的 wxml、js 和 wxss 文件 …… 241
　　13.2.3　修改 cityoperation 页面的 wxml、js 和 wxss 文件 …… 244
　　13.2.4　修改 tellerror 页面的 wxml 和 js 文件 …… 246
13.3　运行程序 …… 247
　　13.3.1　首页 …… 247
　　13.3.2　显示页 …… 247
　　13.3.3　添加页 …… 247
　　13.3.4　错误提示页 …… 248
　　13.3.5　操作相关页 …… 249
习题 13 …… 249

附录 A　微信开发者工具的下载、安装 …………………………………………………… 250

附录 B　Spring Boot 开发基础简介 ……………………………………………………… 254

附录 C　增、删、改城市名称信息的应用实现 ………………………………………… 264

附录 D　Node.js 开发基础简介 …………………………………………………………… 270

附录 E　插件云开发简介 ………………………………………………………………… 274

参考文献 ……………………………………………………………………………………… 280

第1章

微信小程序开发入门

本章先简要介绍微信小程序,接着介绍微信开发者工具的使用,不使用云服务的小程序项目构成、WXML、WXSS、JavaScript、WXS,微信小程序的开发步骤和设计指南,微信小程序的基本原理。

1.1 微信小程序简介

1.1.1 微信小程序的特点

微信小程序简称小程序,缩写为 XCX,英文名为 mini program,是一种不需要下载安装即可使用的应用。微信小程序是一种全新的连接用户与服务的方式,它可以在微信内被便捷地获取和传播,同时具有出色的使用体验。

微信小程序是一种新型微信应用,具备"触手可及、用完即走"的特性,随时可用、无处不在、无须安装卸载;它减少了对用户手机资源的占用。用户扫一扫或搜一下即可打开应用。微信小程序是在订阅号、服务号、企业号之后微信公众号平台上的又一种新的连接用户和服务的方式。对于普通用户,只需要通过扫描二维码、搜索或者是朋友的分享就可以直接打开微信小程序,同时微信小程序具有出色的使用体验。

微信小程序的简易性给企业提供了更简便、高效的营销渠道;可以帮助更多用户找到企业提供的服务。微信小程序优秀的用户体验,使得服务提供者(即企业)的触达能力变得更强。

微信小程序具有一种新的开放功能,开发者可以快速地开发一个微信小程序。微信小程序开发是实现微信小程序的手段。对于开发者而言,微信小程序开发门槛相对较低,难度不及APP(本书中用APP表示手机应用程序),能够满足简单的基础应用。微信小程序能够实现分享页、分享对话、消息通知、线下扫码进入微信小程序、挂起状态、公众号关联等功能。

对于开发者而言,微信小程序框架本身所具有的快速加载和快速渲染能力,加之配套的云能力、运维能力和数据汇总能力，使得开发者不需要去处理琐碎的工作，可以把精力集中在具体的业务逻辑的开发上。微信小程序的模式使得微信可以开放更多的数据，开发者可以获取到用户的一些基本信息，甚至能够获取微信群的一些信息，使得微信小程序的开发能力变得更加强大。

1.1.2　微信小程序的发展

2011年1月21日，腾讯推出微信App。2011年5月10日，微信发布了2.0版本。2011年10月1日，微信发布了3.0版本。2012年4月19日，微信发布了4.0版本。2013年8月5日，微信5.0 for iOS上线；8月9日，微信5.0 for Android上线；12月31日，微信5.0 for Windows Phone上线。2014年1月28日，微信升级为5.2版。2015年1月21日，微信在App Store率先上线了6.1版。2016年12月6日，微信网页版2.1版本发布。2018年12月，微信7.0.0 for iOS、7.0.0 for Android发布。2019年9月，微信7.0.7 for iOS、7.0.7 for Android发布。

2016年1月11日，微信团队首次提出了"应用号"概念，同日微信公众号平台发布微信Web开发工具（现更名为"微信开发者工具"）。2016年9月22日，微信"应用号"更名为微信"小程序"；微信公众号平台开始陆续对外发送小程序内测邀请。腾讯云正式上线微信小程序解决方案，提供小程序在云端服务器的技术方案。2016年11月3日，微信团队对外宣布，微信小程序开放公测，开发者可登录微信公众号平台申请，开发完小程序后可以提交审核。

2017年1月4日，微信开发者工具（简称开发工具）更新到0.11.122100版。2017年1月9日，微信公开发布"你好，我是小程序"，微信小程序正式上线。用户可以体验到各种各样的微信小程序提供的服务。微信小程序全面开放申请后，主体类型为企业、政府、媒体、其他组织或个人的开发者，均可申请注册小程序。

2017年2月6日，基础库更新到1.0.0版，开发工具新增地理位置模拟、移动设备重力感应模拟、模拟器网络状态中新增无网络状态模拟等功能。2017年3月27日，小程序宣布新增六大功能：公众号自定义菜单跳转小程序、公众号模板消息可打开相关小程序、模板消息跳转小程序、绑定时可发送模板消息、兼容线下二维码、App分享用小程序打开。2017年3月31日，基础库更新到1.1.0版，开发工具新增小程序项目列表页支持删除项目、自定义编译新增场景值调试支持、后台切换进入前台时的场景值调试支持、进入开发者社区的入口、项目列表删除所选项目等功能。

2017年5月10日，小程序发布附近的小程序，入口摆在了小程序栏的顶端。2017年5月18日，基础库更新到1.2.0版。2017年5月20日，开发工具新增对1.2.1版基础库的调试支持。2017年5月23日，基础库更新到1.2.2版，开发工具新增对1.2.2版基础库的调试支持。

2017年6月21日，基础库更新到1.3.0版。2017年6月22日，开发工具新增对1.3.0版基础库的调试支持、编辑器状态栏显示文件大小等功能，更新到0.18.182100版。2017年7月10日，基础库更新到1.4.0版。

2017年8月17日，基础库更新到1.5.0版，开发工具新增获取发票抬头、指纹识别、主动触发下拉刷新等功能，更新支持分享时自定义卡片配图、客服会话分享小程序卡片及传入源页面信息等功能。2017年8月18日,开发工具更新到0.19.191100版,开发工具新增对1.4.0版基础库的调试支持。与此同时,小程序新版开发工具内测beta版(1.00.170818版)发布,新版工具的安装不会覆盖旧版本,两个版本可以同时存在。2017年8月28日,基础库更新到1.5.3版,开发工具新增申请测试报告、WXS、发布腾讯云等功能。2017年8月30日,开发工具更新到0.22.203100版。2017年9月6日,开发工具更新到1.01.170906版(新版开发工具)。2017年9月13日,开发工具更新到1.01.170913版。2017年9月25日,开发工具更新到1.01.170925版,新增单击模拟器状态栏可以复制相关参数、创建项目时工程目录下会自动生成project.config.json文件等功能;基础库更新到1.5.4版。

2017年10月11日,基础库更新到1.6.0版,开发工具新增清除全部缓存、清除登录状态等功能。2017年10月13日,开发工具更新到1.01.171013版。

2017年12月4日,基础库更新到1.7.0版。2017年12月15日,开发工具新增命令行调用工具执行打开、预览、上传和通过HTTP调用工具执行打开、预览、上传等功能。12月22日基础库更新到1.7.4版。2017年12月28日,微信更新的6.6.1版本开放了小游戏,微信启动页面还重点推荐了小游戏"跳一跳",可以通过小程序找到已经玩过的小游戏。2018年1月2日,基础库更新到1.9.0版。2018年1月24日,基础库更新到1.9.5版。2018年1月8日,开发工具更新到1.02.1801081版。2018年2月1日,开发工具新增小程序远程调试(需要更新客户端版本)、sourceMap文件解析等功能。2018年2月27日,开发工具更新到1.02.1802270版。

2018年3月5日,基础库更新到1.9.92版。2018年3月13日,开发工具新增小程序插件开发支持、小程序代码片段、通过二维码调试等功能。2018年3月21日,开发工具更新到1.02.1803210版。2018年3月,微信正式宣布小程序广告组件启动内测,内容还包括第三方可以快速创建并认证小程序、新增小程序插件管理接口和更新基础能力,开发者可以通过小程序来赚取广告收入。2018年4月4日,基础库更新到1.9.98版。

2018年4月8日,开发工具更新到1.02.1804080版。2018年4月12日,基础库更新到2.0.0版。2018年5月18日,开发工具更新到1.02.1805181版。

2018年6月12日,开发工具更新到1.02.1806120版。2018年6月14日,基础库更新到2.1.0版。

2018年7月12日,基础库更新到2.2.0版。2018年7月13日,小程序任务栏功能升级,新增"我的小程序"板块;而小程序原有的"星标"功能升级,可以将喜欢的小程序直接添加到"我的小程序"。2018年8月10日,微信宣布小程序后台数据分析及插件功能升级,开发者可查看已添加"我的小程序"的用户数。2018年8月19日,基础库更新到2.2.3版。

2018年9月10日,基础库更新到2.3.0版。2018年9月11日,开发工具更新到1.02.1809110版。2018年9月28日,微信"功能直达"正式开放,商家与用户的距离可以更"近"一步:用户使用微信搜索功能词,搜索页面将呈现相关服务的小程序,点击搜索结果,可直达小程序相关服务页面。2018年10月25日,开发工具更新到1.02.1810250版。2018年10月29日,基础库更新到2.3.2版。

2018年11月5日,基础库更新到2.4.0版。2018年11月19日,基础库更新到2.4.1版。2.4.1版插件支持云开发。2018年11月29日,开发工具更新到1.02.1811290版。2018年12月4日,基础库更新到2.4.2版。2018年12月21日,基础库更新到2.4.3版。2018年12月27日,开发工具更新到1.02.1812270版。

2019年1月5日,基础库更新到2.4.4版。2019年1月11日,基础库更新到2.5.0版。2019年1月22日,基础库更新到2.5.1版。2019年1月29日,基础库更新到2.5.2版。

2019年2月1日,基础库更新到2.6.0版,开发工具更新到1.02.1902010版。2019年2月21日,基础库更新到2.6.1版。2019年2月27日,基础库更新到2.6.2版。2019年3月22日,基础库更新到2.6.4版。2019年4月2日,基础库更新到2.6.5版。2019年4月9日,开发工具更新到1.02.1904090版。

2019年5月9日,基础库更新到2.7.0版。2019年6月3日,基础库更新到2.7.1版。2019年7月5日,基础库更新到2.7.3版。

2019年7月30日,基础库更新到2.8.0版,开发工具更新到1.02.1907300版。2019年8月22日,基础库更新到2.8.1版。2019年8月30日,基础库更新到2.8.2版。2019年9月17日,基础库更新到2.8.3版。

2019年10月9日,基础库更新到2.9.0版,2019年10月12日,开发工具更新到1.02.1910120版。

2021年3月3日,基础库更新到2.16.0版。

2021年4月16日,开发工具发布1.05.2103200稳定版。

2021年4月28日,基础库更新到2.17.0版;6月2日,基础库更新到2.17.3版;6月23日,基础库更新到2.18.0版;7月15日,基础库更新到2.18.1版;7月23日,基础库更新到2.19.0版;9月6日,基础库更新到2.19.0版。2021年8月13日,开发工具发布1.05.2108130稳定版。

2021年10月8日,基础库更新到2.20.0版;10月18日,基础库更新到2.20.1版。10月11日开发工具发布1.05.2110110稳定版。10月28日,基础库更新到2.20.2版。11月30日,开发工具发布1.05.2111300稳定版。

2021年11月10日,基础库更新到2.21.0版。

1.1.3 微信小程序的技术背景

当微信中WebView逐渐成为移动Web(或称网页)的一个重要入口时,微信就有相关的JavaScript(简称JS)API了。2015年初,微信发布了一整套网页开发工具包,称为JS-SDK,开放了拍摄、录音、语音识别、二维码、地图、支付、分享、卡券等几十个API(Application Programming Interface,应用程序接口)。这给Web开发者打开了一扇全新的窗户,让开发者可以使用微信的原生功能去完成一些之前做不到或者难以做到的事情。

JS-SDK是对WeixinJSBridge(或称为微信JSBridge)的一个包装,对所有开发者开放,在很短时间获得了极大的关注。从数据监控情况来看,绝大部分在微信内传播的移动网页都使用到了相关的接口。JS-SDK解决了移动网页能力不足的问题,通过暴露微信的接口使得Web开发者能够拥有更多的能力。然而在更多的能力之外,JS-SDK的模式并没有解决使用移动网页遇到的体验不良的问题。为了帮助微信平台上的Web开发者解决这个问题,微信官方设计了一个JS-SDK的增强版本。

微信面临的问题是如何设计一个比较好的系统,使得开发者在微信中都能获得比较好的体验。该系统要能使所有开发者都能做到快速的加载、更强大的能力、原生的体验、易用且安全的微信数据开放、高效和简单的开发。这就是小程序的开发背景。

小程序使用的主要开发语言是 JavaScript。小程序的开发同普通的网页开发有很大的相似性。对于前端开发者而言,从网页开发迁移到小程序的开发成本并不高,但是两者之间还是有一些区别的。网页开发渲染线程和脚本线程是互斥的,而在小程序中二者是分开的。小程序的逻辑层和渲染层是分开的,逻辑层运行在 JSCore 中,并没有一个完整浏览器对象,因而缺少 DOM(Document Object Model,文档对象模型)和 BOM(Browser Object Model,浏览器对象模型)的 API。这导致了前端开发中一些库(如 jQuery)在小程序中是无法运行的。JSCore 的环境同 Node.js 环境也不尽相同,所以一些 NPM 包在小程序中也是无法运行的。小程序开发过程中需要面对 iOS 和 Android 等不同操作系统的微信客户端,以及用于辅助开发的小程序开发者工具。

1.2 微信开发者工具的使用

1.2.1 开发工具的启动

为了帮助开发者简单、高效地开发微信小程序,微信官方推出了微信开发者工具,开发工具具有代码编辑、调试、发布等功能。

工具的下载和安装详细过程请参考附录 A。

开发工具安装完成后,会在桌面上添加"微信开发者工具"图标。双击该图标打开"微信开发者工具",扫描登录成功,如图 1-1 所示。

图 1-1 扫描成功登录"微信开发者工具"

该工具可以用来开发小程序项目(含小程序、小游戏、代码片段)和公众号网页项目,如图 1-2 所示。

1.2.2 新建小程序项目

在图 1-2 中选择"小程序项目"(本书主要介绍此类项目)的"小程序"选择项后双击"＋"

选项卡,就会出现如图 1-3 所示的新建项目界面。

设置项目名称(如 demo),选择项目目录(如 D:\helloworld)。输入 AppID,选择开发模式(如"小程序")。开发人员可以先注册一个 AppID。如果没有 AppID,则选择图 1-4 中的"或使用测试号",工具会临时生成一个 AppID。将后端服务设置为"不使用云服务",选择开发语言(如 JavaScript)。创建了新项目(demo)之后,结果如图 1-5 所示。

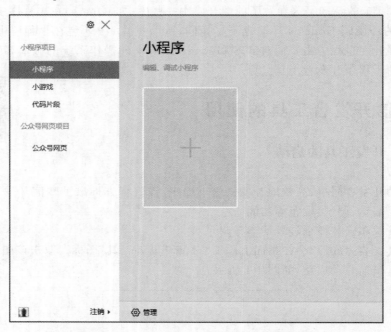

图 1-2　开发工具可以用来开发的两大类项目

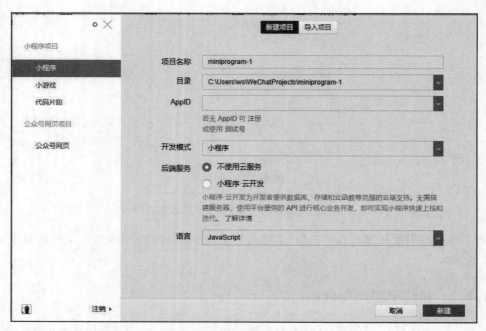

图 1-3　新建项目的界面

第1章 微信小程序开发入门

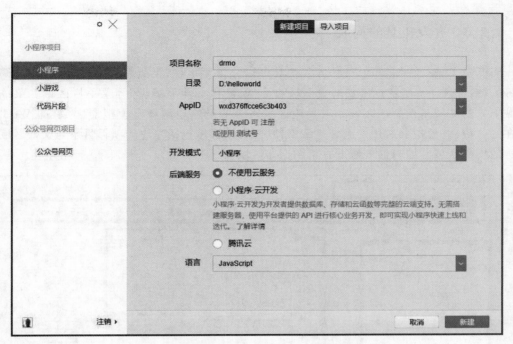

图 1-4 新建项目 demo 时设置项目信息的界面

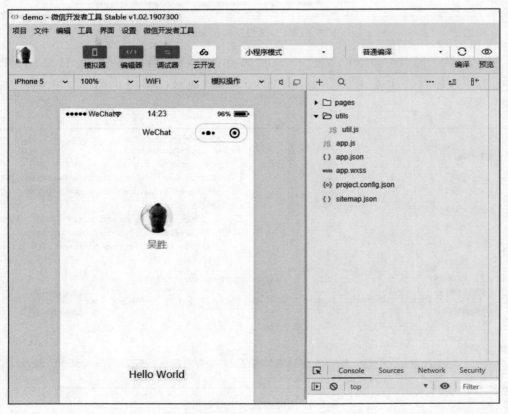

图 1-5 新建的 demo 项目

1.2.3 开发工具的构成

当开发工具处在编辑状态时,开发工具可以分为菜单栏、工具栏、模拟器、编辑器、调试器等区域,如图1-6所示。工具的最上端的是"项目""文件""编辑"等菜单栏区域。菜单栏区域下方的区域是工具栏区域。工具栏区域下方的最左边区域是模拟器区域(即 WeChat 所在的区域)。模拟器右边的区域是编辑器区域,该区域包括左边的项目目录与文件区域及右边的代码区域。编辑器区域下方是调试器区域。

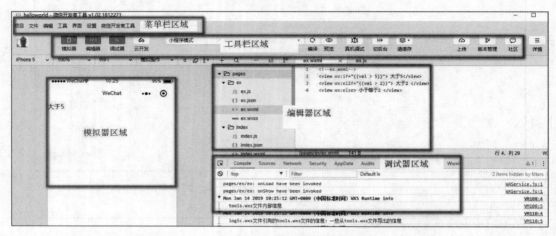

图1-6 开发工具区域

开发工具可通过 Console 面板、Sources 面板、Network 面板、Security 面板、AppData 面板、Audits 面板、Sensor 面板、Storage 面板、Trace 面板、Wxml 面板实现调试功能,如图1-7所示。

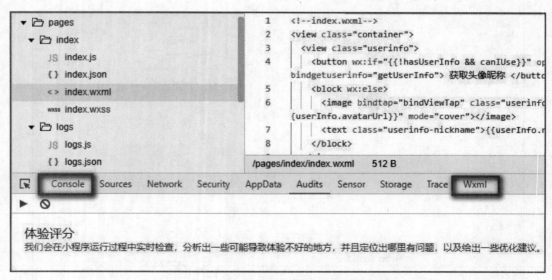

图1-7 调试器区域中的面板信息

Console 面板可用来显示小程序的输出信息（含出错信息）。还可以在控制台中输入 build（编译小程序）、preview（预览）、upload（上传代码）、openVendor（打开基础库所在目录）、openToolsLog（打开工具日志目录）等命令和执行检查指定 URL（统一资源定位符）的代理使用情况的 checkProxy（URL）命令。

Sources 面板可用来显示当前项目的脚本文件。与浏览器开发不同，微信小程序框架会对脚本文件进行编译，所以在 Sources 面板中开发者看到的文件是经过处理之后的脚本文件，开发者的代码都会被包裹在 define() 函数中，并且对于 Page（页面）代码，在尾部会有 require 的主动调用。

Network 面板可用来观察发送请求（request）和调用文件（socket）的信息。

Security 面板可用来调试当前网页的安全和认证等问题并确保已经在网站上正确地实现 HTTPS。

AppData 面板可用来显示当前项目运行时小程序 AppData 的具体数据，实时地反映项目数据情况，可以在此处编辑数据，并及时地反馈到界面上。

Audits 面板在小程序运行过程中实时检查，分析出一些可能导致体验不好的地方，并且定位出哪里有问题，以及给出一些优化建议。

Sensor 面板可以在这里选择模拟地理位置（纬度、经度、速度、精确度、高度、水平精确度、垂直精确度等地理定位信息和方向定位信息）；模拟移动设备表现，用于调试重力感应 API。

Storage 面板可用来显示当前项目使用 wx.setStorage() 或者 wx.setStorageSync() 后的数据存储情况。可以直接在 Storage 面板上对数据进行删除（按 Delete 键）、新增、修改。

Trace 面板实现对不同设备的监测。

Wxml 面板可用来帮助开发者开发 wxml 转化后的界面。在这里可以看到真实的页面结构以及结构对应的 wxss 属性，同时可以通过修改对应的 wxss 属性，在模拟器中实时看到修改的情况（仅为实时预览，无法保存到文件）。通过调试模块左上角的选择器，还可以快速定位页面中组件对应的 wxml 代码。

1.3 不使用云服务的小程序项目构成

1.3.1 项目级文件

创建了新项目 demo 之后，在开发工具的目录与文件区域就包含了该项目的一些文件和文件夹，如图 1-8 所示。

在小程序项目根目录下有 5 个描述应用程序的项目级文件，它们是 project.config.json、app.json、app.js、app.wxss 和 sitemap.json。带 .json 扩展名的文件是配置文件，这类文件不能添加任何注释。

用开发工具作的任何配置都会写入文件 project.config.json 中，当重新安装开发工具或者更换计算机工作时，只要载入同一个项目的代码包，开发工具能自动恢复到当时开发项目时的个性化配置，其中包括编辑器的颜色、代码上传时自动压缩等一系列选项。

文件 project.config.json 是项目配置文件，其代码如例 1-1 所示。

图 1-8 不使用云服务的项目组成

【例 1-1】 文件 project.config.json 的代码示例。

```
{
  "description": "项目配置文件",
  "packOptions": {
      "ignore": []
  },
  "setting": {
      "urlCheck": true,
      "es6": true,
      "postcss": true,
      "minified": true,
      "newFeature": true,
      "autoAudits": false,
      "coverView": true
  },
  "compileType": "miniprogram",
  "libVersion": "2.8.3",
  "appid": "wxd376ffcce6c3b403",
  "projectname": "demo",
  "debugOptions": {
      "hidedInDevtools": []
  },
  "isGameTourist": false,
  "simulatorType": "wechat",
```

```
        "simulatorPluginLibVersion": {},
        "condition": {
            "search": {
                "current": -1,
                "list": []
            },
            "conversation": {
                "current": -1,
                "list": []
            },
            "game": {
                "currentL": -1,
                "list": []
            },
            "miniprogram": {
                "current": -1,
                "list": []
            }
        }
    }
```

其中，packOptions 是打包配置选项，setting 进行项目设置，compileType 设置编译类型，libVersion 设置基础库版本，appid 是项目的 AppID，只在新建项目时读取，projectname 是项目名字，只在新建项目时读取，debugOptions 是调试配置选项。而其中的 setting 设置主要包括对是否检查安全域名和 TLS（Transport Layer Security，传输层安全性）协议的版本（urlCheck 字段）、是否启用 ES6 转 ES5（es6 字段）、上传代码时是否自动压缩（minified 字段）、是否使用工具渲染 CoverView（coverView 字段）等内容的设置。

文件 app.json 用来对微信小程序进行全局配置，配置项目包括所有页面文件的路径（pages）、窗口表现（window）、微信索引（sitemap）、标签导航（tabBar）、网络超时（networkTimeout）和调试模式（debug）、使用的插件（plugins）、全局自定义组件配置（usingComponents）、指明 sitemap.json 的位置（sitemapLocation）等信息。在开发过程中若修改了页面，也要修改页面文件路径等相关配置信息。文件 app.json 的代码如例 1-2 所示。

【例 1-2】 文件 app.json 的代码示例。

```
{
  "pages": [
    "pages/index/index",
    "pages/logs/logs"
  ],
  "window": {
    "backgroundTextStyle": "light",
    "navigationBarBackgroundColor": "#fff",
    "navigationBarTitleText": "WeChat",
    "navigationBarTextStyle": "black"
  },
  "sitemapLocation": "sitemap.json"
}
```

带.js 扩展名的文件 app.js 是用来表示逻辑的 JavaScript 脚本文件，可以在文件 app.js 中监听并处理小程序项目的生命周期函数、声明全局变量，还可以调用微信小程序的 API。文件 app.js 的代码如例 1-3 所示。

【例 1-3】 文件 app.js 的代码示例。

```
//app.js
App({
  onLaunch: function() {
    //展示本地存储能力
    var logs = wx.getStorageSync('logs') || []
    logs.unshift(Date.now())
    wx.setStorageSync('logs', logs)
    //登录
    wx.login({
      success: res => {
        //发送 res.code 到后台换取 openId, sessionKey, unionId
      }
    })
    //获取用户信息
    wx.getSetting({
      success: res => {
        if (res.authSetting['scope.userInfo']) {
          //已经授权,可以直接调用 getUserInfo 获取头像昵称,不会弹出授权对话框
          wx.getUserInfo({
            success: res => {
              //可以将 res 发送给后台解码出 unionId
              this.globalData.userInfo = res.userInfo
              //由于 getUserInfo 是网络请求,可能会在 Page.onLoad 之后才返回
              //所以此处加入回调(callback)以防止这种情况
              if (this.userInfoReadyCallback) {
                this.userInfoReadyCallback(res)
              }
            }
          })
        }
      }
    })
  },
  globalData: {
    userInfo: null
  }
})
```

每个小程序都需要在 app.js 中调用 App() 方法(本书中 App 指的是微信小程序的应用实例、方法或服务,请注意和表示手机应用程序 APP 的不同)注册小程序示例,绑定生命周期回调函数、错误监听和页面不存在监听函数等。App(Object object) 用来注册小程序。接收一个 Object 参数,该参数指定小程序的生命周期回调等。App() 必须在 app.js 中调用且只能调用一次,不然会出现无法预期的后果。

文件 app.wxss 是整个项目的公共样式表文件，可以在页面组件的 class 属性上直接使用文件 app.wxss 中声明的样式规则。文件 app.wxss 的代码如例 1-4 所示。

【例 1-4】 文件 app.wxss 的代码示例。

```
/** app.wxss **/
.container {
  height: 100%;
  display: flex;
  flex-direction: column;
  align-items: center;
  justify-content: space-between;
  padding: 200rpx 0;
  box-sizing: border-box;
}
```

微信现已开放小程序内搜索，当开发者允许微信索引时，微信会通过爬虫的形式，为小程序的页面内容建立索引。当用户的搜索词条触发该索引时，小程序的页面将可能展示在搜索结果中。文件 sitemap.json 被用来配置小程序及其页面是否允许被微信索引，如果没有 sitemap.json，则默认所有页面都允许被索引。文件 sitemap.json 的代码如例 1-5 所示。其中，rules 配置项指定了索引规则，每项规则为一个 JSON 对象，该对象中属性 action 设定命中该规则的页面是否能被索引，page 指定页面，page 取值 * 时表示所有页面。

【例 1-5】 文件 sitemap.json 的代码示例。

```
{
  "desc": "关于本文件的更多信息，请参考文档 https://developers.weixin.qq.com/miniprogram/dev/framework/sitemap.html",
  "rules": [{
    "action": "allow",
    "page": "*"
  }]
}
```

1.3.2 公共文件

项目中还有公共目录 utils，它用来存放包含日期格式化、时间格式化等一些公共、常用函数的文件。目录 utils 包括一个默认文件 util.js，文件 util.js 的代码如例 1-6 所示。

【例 1-6】 文件 util.js 的代码示例。

```
const formatTime = date => {
  const year = date.getFullYear()
  const month = date.getMonth() + 1
  const day = date.getDate()
  const hour = date.getHours()
  const minute = date.getMinutes()
  const second = date.getSeconds()
```

```
    return [year, month, day].map(formatNumber).join('/') + ' ' + [hour, minute, second].map
(formatNumber).join(':')
}
const formatNumber = n => {
  n = n.toString()
  return n[1]?n : '0' + n
}
module.exports = {
  formatTime: formatTime
}
```

1.3.3 页面级文件

新建项目的 pages 目录中还有 index 和 log 两个子目录，它们分别对应小程序的 index 页面和 log 页面。每个页面是由一同路径下 4 个同名但扩展名不同的文件组成，如 index 页面包括文件 index.js、index.wxml、index.wxss 和 index.json。

文件 index.wxml 使用<view>、<image>、<text>等微信小程序组件或自定义组件等来设置页面结构、绑定数据和交互处理函数。文件 index.wxml 的代码如例 1-7 所示。

【例 1-7】 文件 index.wxml 的代码示例。

```
<!-- index.wxml -->
<view class = "container">
  <view class = "userinfo">
    <button wx:if = "{{!hasUserInfo && canIUse}}" open-type = "getUserInfo" bindgetuserinfo = "getUserInfo"> 获取头像昵称 </button>
    <block wx:else>
      <image bindtap = "bindViewTap" class = "userinfo-avatar" src = "{{userInfo.avatarUrl}}" mode = "cover"></image>
      <text class = "userinfo-nickname">{{userInfo.nickName}}</text>
    </block>
  </view>
  <view class = "usermotto">
    <text class = "user-motto">{{motto}}</text>
  </view>
</view>
```

文件 index.js 是页面的逻辑文件，用它可以监听并处理页面的生命周期函数，获取小程序实例，声明并处理数据，响应页面交互事件等。文件 index.js 的代码如例 1-8 所示。

【例 1-8】 文件 index.js 的代码示例。

```
//index.js
//获取应用实例
const app = getApp()
Page({
  data: {
```

```
    motto: 'Hello World',
    userInfo: {},
    hasUserInfo: false,
    canIUse: wx.canIUse('button.open-type.getUserInfo')
  },
  //事件处理函数
  bindViewTap: function() {
    wx.navigateTo({
      url: '../logs/logs'
    })
  },
  onLoad: function() {
    if (app.globalData.userInfo) {
      this.setData({
        userInfo: app.globalData.userInfo,
        hasUserInfo: true
      })
    } else if (this.data.canIUse) {
      //由于 getUserInfo 是网络请求,可能会在 Page.onLoad 之后才返回
      //所以此处加入回调(callback)以防止这种情况发生
      app.userInfoReadyCallback = res => {
        this.setData({
          userInfo: res.userInfo,
          hasUserInfo: true
        })
      }
    } else {
      //在没有 open-type=getUserInfo 时版本的兼容处理
      wx.getUserInfo({
        success: res => {
          app.globalData.userInfo = res.userInfo
          this.setData({
            userInfo: res.userInfo,
            hasUserInfo: true
          })
        }
      })
    }
  },
  getUserInfo: function(e) {
    console.log(e)
    app.globalData.userInfo = e.detail.userInfo
    this.setData({
      userInfo: e.detail.userInfo,
      hasUserInfo: true
    })
  }
})
```

文件 index.wxss 是 index 页面的样式文件，代码如例 1-9 所示。

【例 1-9】 文件 index.wxss 的代码示例。

```
/** index.wxss **/
.userinfo {
  display: flex;
  flex-direction: column;
  align-items: center;
}
.userinfo-avatar {
  width: 128rpx;
  height: 128rpx;
  margin: 20rpx;
  border-radius: 50%;
}
.userinfo-nickname {
  color: #aaa;
}
.usermotto {
  margin-top: 200px;
}
```

文件 index.json 是 index 页面的配置文件，如设置该页面所用的组件相关信息。文件 index.json 的代码如例 1-10 所示。

【例 1-10】 文件 index.json 的代码示例。

```
{
  "usingComponents": {}
}
```

一个页面可以不创建（或不修改默认创建的）页面样式表文件，此时该页面就用 app.wxss 中定义的样式规则。若页面定义了自己的样式表文件，则该文件中定义的样式会覆盖 app.wxss 中对相同选择器定义的样式规则。

一个页面可以不定义配置文件，此时该页面就用 app.json 中定义的配置。若页面定义了自己的配置文件，则其定义的配置项会覆盖 app.json 中与 window 相关的配置项。

目录 logs 下各个文件与 index 目录下扩展名相同的对应文件作用相同。

1.4　WXML、WXSS、JavaScript 和 WXS

1.4.1　WXML

WXML（WeiXin Markup Language）是微信小程序设计的一套标记语言，结合基础组件、事件系统，可以构建出页面的结构。WXML 具有数据绑定、列表渲染、条件渲染、模板、引用等功能。

使用 WXML 的示例文件 example.wxml 的代码如例 1-11 所示。

【例 1-11】 文件 example.wxml 的代码示例。

```
<!-- pages/example/example.wxml -->
<text>pages/example/example.wxml</text>
<view>{{message}}</view>
<view wx:for="{{array}}">{{item}}</view>
<view wx:if="{{view=='WEBVIEW'}}">WEBVIEW</view>
<view wx:elif="{{view=='APP'}}">APP</view>
<view wx:else="{{view=='MP'}}">MP</view>
<template name="staffName">
  <view>
    姓名：{{lastName}}{{firstName}}.
  </view>
</template>
<template is="staffName" data="{{...staffA}}"></template>
<template is="staffName" data="{{...staffB}}"></template>
<template is="staffName" data="{{...staffC}}"></template>
```

1.4.2 WXSS

WXSS(WeiXin Style Sheets)是微信小程序定义的一套样式语言，用于描述 WXML 文件中选择器(如组件)的样式。WXSS 具有 CSS 的大部分特性，而且 WXSS 对 CSS 进行了扩充以及修改。

与 CSS 相比，WXSS 扩展的特性有尺寸单位、样式导入。WXSS 新的尺寸单位包括 rpx (responsive pixel)，可以根据屏幕宽度进行自适应。规定屏幕宽为 750rpx，1rpx 等于 0.5px(即 1 物理像素)。

在 WXSS 文件中可以使用@import 语句导入外联样式表，@import 后跟需要导入的外联样式表的相对路径，用";"表示语句结束。组件支持使用 style、class 属性来控制组件的样式。style 将静态的样式统一写到 class 中。style 接收动态的样式，在运行时会进行解析，将静态的样式写到 style 中会影响渲染速度。class 用于指定样式规则，其属性值是样式规则中类选择器名(样式类名)的集合。

1.4.3 JavaScript

JavaScript 是一种解释性、直译式脚本语言，是一种简单的、基于对象的弱类型语言。它的解释器被称为 JavaScript 引擎。JavaScript 具有跨平台特性，可以在多种平台下运行(如 Windows、Linux、Mac OS、Android、iOS 等)。

ECMAScript 是一种由 ECMA(European Computer Manufacturers Association，欧洲计算机制造商协会)通过 ECMA-262 标准化的脚本程序设计语言。1997 年 6 月，ECMAScript 1.0 版发布。1998 年 6 月，ECMAScript 2.0 版发布。1999 年 12 月，ECMAScript 3.0 版发布，成为 JavaScript 的通行标准，得到了广泛支持。2009 年 12 月，ECMAScript 5.0(简称 ES5)版正式发布。2015 年 6 月 17 日，ECMAScript 6.0(简称 ES6)版正式发布，该版也称为 ECMAScript 2015。

微信小程序利用 JavaScript 来实现小程序的逻辑。小程序中的 JavaScript 构成如图 1-9 所示。

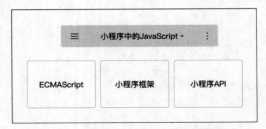

图 1-9　小程序中的 JavaScript 构成

小程序中的 JavaScript 是由 ECMAScript 以及小程序框架和小程序 API 实现的。使用 JavaScript 的示例文件 example.js 的代码如例 1-12 所示。

【例 1-12】　示例文件 example.js 的代码示例。

```
Page({
  data: {
    message: 'Hello MiniProgram!',
    array: [1, 2, 3],
    view: 'MP',
    staffA: {
      firstName: '三丰',
      lastName: '张'
    },
    staffB: {
      firstName: '斯',
      lastName: '李'
    },
    staffC: {
      firstName: '高',
      lastName: '赵'
    }
  }
})
```

例 1-11 和例 1-12 的综合结果（还需要在 app.json 文件中增加一行语句 " "pages/example/example","）如图 1-10 所示。

图 1-10　例 1-11 和例 1-12 的综合结果

1.4.4 WXS

WXS(WeiXin Script)是微信小程序定义的一套脚本语言,与 WXML 结合,可以构建页面的结构。

WXS 代码可以编写在 wxml 文件中的<wxs>标签内,或以.wxs 为扩展名的文件内。每一个.wxs 文件和<wxs>标签都是一个单独的模块。每个模块都有自己独立的作用域。即在一个模块里面定义的变量与函数,默认为私有的,对其他模块不可见。一个模块要想对外暴露其内部的私有变量与函数,只能通过 module.exports 实现。

<wxs>标签的 src 属性可以用来引用其他的 wxs 文件(以.wxs 为扩展名的文件)。在 wxs 文件中也可以使用 require()函数引用其他 wxs 文件,需要注意的是,此时只能引用 wxs 文件,而且引用的路径必须使用相对路径。wxs 文件在第一次被引用时,会自动初始化为单例对象。多个页面、多个地方、多次引用使用的都是同一个 wxs 文件对象。如果一个 wxs 文件在定义之后,一直没有被引用,则该文件不会被解析与运行。

WXS 语言目前共有 Number(数值)、String(字符串)、Boolean(布尔值)、Object(对象)、Function(函数)、Array(数组)、Date(日期)、Regexp(正则表达式)等数据类型。各种类型的具体属性可以查看官方文档。WXS 中的变量均为值的引用。没有声明的变量而被直接赋值使用时,该变量会被定义为全局变量。如果只声明变量而不赋值,则默认值为 undefined。WXS 中 var 的表现与 JavaScript 中 var 的表现一致,会有变量提升的现象。

变量名的首字符必须是字母或下画线,剩余字符可以是字母、下画线或数字。WXS 保留标识符 delete、void、typeof、null、undefined、NaN、infinity、var、if、else、true、false、require、this、function、arguments、return、for、while、do、break、continue、switch、case、default 不能作为变量名。

WXS 的运算符和常见的高级程序设计语言(如 Java)的运算符含义相似,WXS 的 3 种程序基本结构(顺序、选择、循环)的含义、语法也和常见的高级程序设计语言类似,具体细节和优先级可以查看官方文档。WXS 主要有 3 种注释方法。

WXS 示例文件 tools.wxs 的代码如例 1-13 所示。

【例 1-13】 示例文件 tools.wxs 的代码示例。

```
// /pages/tools.wxs
var a = 10;
var b = 20;
var c = 30;
var aaddb = function (a, b) {
return a + b;
}
var qd = function (a, b, c) {
return c === a + b;
}
module.exports = {
a: a,
b: b,
```

```
    c: c,
    aaddb: aaddb,
    qd: qd
};
module.exports.msg = "一些从 tools.wxs 文件导出的信息";
console.log("tools.wxs 文件内部信息");
```

引用文件 tools.wxs 的示例文件 logic.wxs 的代码如例 1-14 所示。

【例 1-14】 示例文件 logic.wxs 的代码示例。

```
// /pages/logic.wxs
var tools = require("./tools.wxs");
var d_v8 = 100;
var e = tools.aaddb(tools.a, tools.b);//e 的初值
/**
 * 选择
 */
if (tools.qd) {
  e = d_v8 - e;
  }
else {
  e = tools.c - tools.a;
};
module.exports = {
  d_v8: d_v8,
  e: e,
};
module.exports.msg = "从 logic.wxs 文件导出的 e 值为 " + e;
console.log("logic.wxs 文件引用的 tools.wxs 文件的信息:" + tools.msg);
console.log("logic.wxs 文件中 e 的最终值:" + e);
//第 3 种注释:后面的内容都忽略
module.exports.msg = "一些信息从 logic 直接输出";
f = 100;
```

引用文件 logic.wxs 的 login 页面文件 login.wxml 的代码如例 1-15 所示。

【例 1-15】 页面文件 login.wxml 的代码示例。

```
<!-- /pages/login/login.wxml -->
<wxs src="./../logic.wxs" module="logic" />
<wxs module="oper">
  var i = 10;
  var sum = 0;
  var sh = "1~10 的累加和为: "
  var xhw = function(i) {
    while (0 < i) {
```

```
      sum += i;
      i -= 1;
    }
    return sum;
  }
  module.exports = {
    i: i,
    xhw: xhw,
    sum: sum,
    sh:sh
  };
</wxs>
<view>{{oper.sh}}{{oper.xhw(oper.i)}}</view>
<view>{{logic.msg}}</view>
<view>{{js_msg}}</view>
```

login 页面的逻辑文件 login.js 的代码如例 1-16 所示。

【例 1-16】 逻辑文件 login.js 的代码示例。

```
// /pages/login/login.js
Page({
  data: {
    js_msg : "从 js 文件中输出的'hello world'信息",
  }
})
```

WXS 示例（例 1-13～例 1-16）的综合结果（还需要在 app.json 文件中增加一行语句 ""pages/login/login","）如图 1-11 所示。

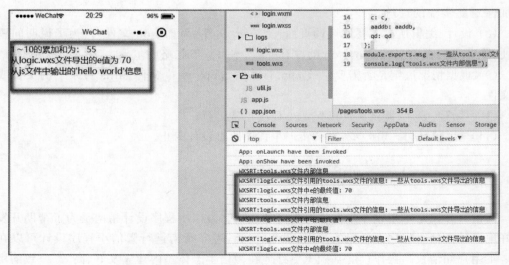

图 1-11　WXS 示例的综合结果

1.5 微信小程序的开发步骤和设计指南

1.5.1 微信小程序开发的一般步骤

开发小程序时,先要分析需求。启动开发前要对小程序项目的整体产品体验有一个清晰的规划和定义,可以使用交互图等工具描绘小程序的界面交互和界面之间的跳转关系,再给出设计方案。接着,进行小程序开发。

小程序开发时关键任务是实现页面*.wxml文件(简称wxml文件)和*.js文件(简称js文件)。wxml文件是项目的视图部分,它应用微信小程序组件、自定义组件或其他框架来实现用户界面(User Interface,UI)。js文件是项目的逻辑部分,它要处理视图中的API、事件、函数、数据等内容。

不使用云开发的小程序开发的一般步骤包括:

(1)登录开发工具。

(2)创建目录后新建项目。

(3)根据情况决定是否修改文件project.config.json、sitemap.json,若需要修改就修改,否则跳过此步骤。

(4)根据情况决定是否修改文件app.json,若需要修改就修改,否则跳过此步骤(一般需要修改)。

(5)设计实现页面wxml文件。

(6)设计实现页面js文件。

(7)根据情况判断是否需要设计页面*.wxss文件(简称wxss文件),若需要就进行设计,在实际开发中一般需要进行设计。此类文件的作用主要是美化页面,而对功能不产生影响,为了说明问题的简便,本书一般忽略此步骤。请结合书中wxss文件或官方文档加深对此步骤的理解。

(8)设计、编辑所有需要修改的页面*.json文件(简称json文件)。为了说明问题的简便,除非需要覆盖文件app.json的原有配置,本书一般忽略此步骤。

(9)根据情况决定是否需要修改app.js文件、app.wxss文件、utils目录下的文件或其他文件。

(10)保存、编译、调试文件以保证小程序正常运行。

(11)重复第(4)~(10)步,直至实现小程序所有设计为止。

1.5.2 微信小程序的设计指南

微信官方拟定了小程序界面设计指南和建议。微信小程序设计指南是为了帮助开发者更好地设计微信小程序而提出的原则、规范、资源,遵守指南进行微信小程序设计可以在充分尊重用户知情权与操作权的基础上更好地在微信生态体系内建立友好、高效、一致的用户体验。

微信小程序的设计分为友好礼貌、清晰明确、便捷优雅、统一稳定4个原则。除此之外,微信官方还提供了可供 Web 设计和小程序使用的基础控件库、视觉规范和方便开发者调用的资源。开发者使用这些资源，可以在快速开发的同时保证小程序的用户体验。

为了避免用户在使用小程序服务时注意力被干扰，在设计小程序时应该减少无关的设计元素，恰当地向用户展示小程序提供的服务，友好地引导用户进行操作。每个页面都应该聚焦于某个重点功能，以便于用户能快速地理解页面内容。在确定了页面重点功能的前提下，应该尽量避免页面上出现无关的干扰因素。

当用户进入小程序页面时，应该清晰、明确地告知用户身在何处、可以往何处去，确保用户在页面中游刃有余地穿梭而不迷路。因此，设计的导航要能告诉用户当前在哪里、可以去哪里、如何回去等问题。微信暂时还不提供统一导航栏样式，开发者可根据需要自行设计小程序的导航。

要尽量减少用户在操作上的限制和响应、等待时间。微信小程序实现技术已能很大程度上缩短等待时间。即便如此，当出现了不可避免的加载和等待时，需要及时地给予用户反馈。例如，加载时间较长时提供进度条以减缓用户等待的焦灼感。

要格外注意对异常状态处理的设计，在出现异常状态时要给予用户必要的状态提示，并告知对应的解决方案。模态对话框和结果页面等都可以作为异常状态的提醒方式。除此之外，在表单页面（尤其是表单项较多的页面）中，还应该明确地指出出错的项目，以便用户进行修改。

由于手机键盘区域小，输入困难的同时还易引起输入错误，因此小程序页面应该尽量减少用户输入。可以通过联想、API 接口以及其他方式（例如扫描等），帮助用户快速、准确地输入内容。

通过手指触摸屏幕来操控界面，精确度远不如鼠标，因此在设计页面上可能会被用户点击的控件时，需要避免由于可点击区域过小或过于密集而造成的误操作。手机屏幕分辨率各不相同，换算成物理尺寸后大致是 7～9mm。在微信小程序官方提供的标准组件库中，各种控件元素均已考虑到了页面点击效果以及不同屏幕的适配，因此开发者可以使用或模仿标准控件尺寸进行设计。

小程序在整体上应该要为用户提供整齐划一的功能，避免同一种视觉元素中在不同页面中有不同的样式。要避免一个小程序中多种元素之间的风格差异较大。统一的页面体验和有延续性的界面元素都将提高可用性，减轻页面转换所造成的不适感。

对于 UI 设计师来说，移动 UI 中的设计思维和范式能用在小程序设计上，且不需要为 iOS 与 Android 系统设计不同的界面。另外，微信小程序中只提供了按钮、toast、icon、开关、单选按钮、复选框和滑块等组件。微信小程序官方网站上给出了小程序设计时字体、列表、表单输入、按钮、图标等内容的视觉规范。在设计时，可以参考官方文档，以便设计出符合标准的小程序界面。

1.6 微信小程序的基本原理

1.6.1 小程序的框架

小程序开发框架的目标是通过尽可能简单、高效的方式让开发者可以在微信中开发具有原生（Native）APP 体验的服务。小程序框架的核心是一个响应式的数据绑定系统，可以让数据与视图非常简单地保持同步。当修改数据时，只需要在逻辑层修改数据，视图层就会做相应的更新。

小程序采用 MINA 框架，如图 1-12 所示。整个小程序框架系统可以分为逻辑层（App Service）和 视图层（View），并在视图层与逻辑层间提供了数据传输和事件系统，让开发者能够专注于数据与逻辑。分层设计使得中间层完全控制了程序对界面的操作，同时对传递数据和响应时间进行监控。小程序的视图层使用的是描述语言 WXML 和 WXSS，逻辑层采用的语言是 JavaScript。

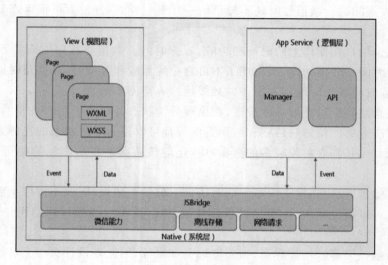

图 1-12　小程序 MINA 框架示意图

视图层模块负责 UI 显示，它由实现的 WXML 和 WXSS 文件（需要进行转码）和微信相关辅助模块组成。小程序支持多个视图（页面）同时存在。视图层模块通过微信 JSBridge 对象和后台通信。

逻辑层模块负责应用的后台逻辑，它由小程序的 JavaScript 代码以及微信相关辅助模块组成。一个微信小程序应用只有一个逻辑层进程，它同样也是一个页面；与视图层模块不同的是，逻辑层模块在整个生命周期都是在后台运行。逻辑层模块与视图层模块接口格式一样、实现不同的 JSBridge 对象和后台通信。

MINA 框架运行的典型流程包括：用户点击界面触发事件，视图层模块接收事件后将事件封装成所需格式后调用 publish()方法发送给后台；后台将数据处理后发送给逻辑层模块，逻辑层模块的 JSBridge 内回调函数依据传来的数据找到对应视图层的 Page（微信小程序页面，简称页面）模块后执行 eventName 指向的函数；回调函数调用 this.setData（{hidden：true}）改变 data，逻辑层计算该页面 data 后向后台发送 send_app_data 和 appDataChange 事件；后台收到 appDataChange 事件数据后再将数据进行封装，转发到视图层；视图层的 JSBridge 接收到后台数据，若 webviewID 匹配则将数据与现有页面 data 合并，然后是 Virtual DOM（虚拟 DOM）模块进行 diff 和 apply 操作改变 DOM。

框架管理了整个小程序项目的页面路由，可以做到页面间的无缝切换，并给予页面完整的生命周期。开发者需要做的只是将页面的数据、方法、生命周期函数注册到框架中,其他的一切复杂的操作都交由框架处理。

框架提供了一套基础的组件,这些组件自带微信风格的样式以及特殊的逻辑,开发人员可以通过组合基础组件,创建出微信小程序。框架提供丰富的微信 API,可以方便地调用微信提供的功能,如获取用户信息、本地存储、支付功能等。

1.6.2 小程序的逻辑层

小程序开发框架的逻辑层使用 JavaScript 引擎为小程序提供 JavaScript 代码的运行环境以及微信小程序的特有功能。开发者编写的所有代码最终都会被打包成一个 JavaScript 文件,并在小程序启动时运行,直到小程序被销毁。小程序框架的逻辑层并非运行在浏览器中,因此 JavaScript 在 Web 中一些功能无法使用,如 document 等。在 JavaScript 文件中声明的变量和函数只在该文件中有效,不同的文件中可以声明相同名字的变量和函数,且不会互相影响。

每个小程序都需要在 app.js 中调用 App()方法注册小程序示例,绑定生命周期回调函数、错误监听函数和页面不存在监听函数等。整个小程序只有一个 App 实例,是全部页面共享的。开发者可以通过 getApp()方法获取到全局唯一的 App 示例,获取 App 上的数据或调用开发者注册在 App 上的函数。

对于小程序中的每个页面,都需要在页面对应的 js 文件中进行注册,指定页面的初始数据、生命周期回调、事件处理函数等。简单的页面可以使用 Page()函数进行构造。Page()函数对于复杂的页面可以使用 Component 构造器来构造页面。Component 构造器的主要区别是方法需要放在 methods:{ }中的大括号内进行声明。

在小程序中所有页面的路由都由框架进行管理。框架以栈的形式维护了当前的所有页面。可以将一些公共的代码抽离成为一个单独的 JavaScript 文件,作为一个模块。模块只有通过 module.exports 或者 exports 才能对外暴露接口。

1.6.3 小程序的生命周期

小程序的生命周期实现属于逻辑层,为了突出这部分内容,将其独立成一个小节。

Page()是页面注册入口,被用来注册一个页面,维护该页面的生命周期以及数据。

App()是小程序注册入口,被用来注册一个小程序,全局的数据可以放到这里面操作。小程序的 App()生命周期中有 onShow、onHide 等事件可以监听。

小程序并没有提供销毁的方式,通常,只有当小程序进入后台一定时间或者系统资源占用过高的时候,才会被真正地销毁。当小程序进入后台,可能会维持一小段时间的运行状态,如果这段时间内都未进入前台,小程序会被销毁。当小程序占用系统资源过高,可能会被系统销毁或被微信客户端主动回收。

小程序生命周期的流程如图 1-13 所示。

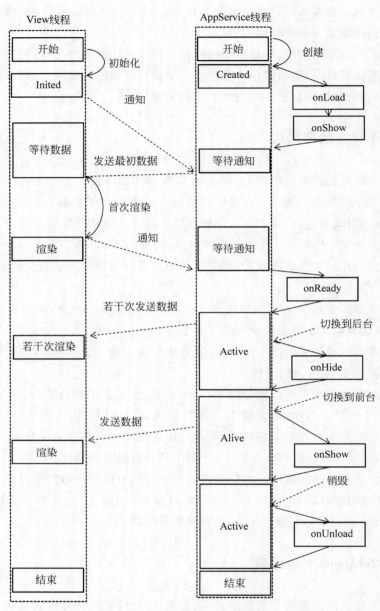

图 1-13 小程序生命周期的流程

1.6.4 小程序的视图层

框架的视图层由 WXML 与 WXSS 编写,由组件(Component)进行展示。组件是视图的基本组成单元。微信小程序官方为开发者提供了一系列基础组件,开发者可以通过组合这些基础组件进行快速开发,将逻辑层的数据渲染到视图,同时将视图层的事件发送给逻辑层。

节点信息查询 API 可以用于获取节点属性、样式、在界面上的位置等信息。最常见的用法是使用这个接口来查询某个节点的当前位置和界面的滚动位置。节点布局相交状态 API 可用于监听两个或多个组件节点在布局位置上的相交状态。这一组 API 常常可以用于推断某些节点是否可以被用户看见、有多大概率可以被用户看见。

显示区域指小程序界面中可以自由布局展示的区域。在默认情况下,小程序显示区域的尺寸自页面初始化起就不再发生变化。但可以改变这一默认行为(如进行屏幕旋转操作)。

在小程序中,通常可以使用 CSS 渐变和 CSS 动画创建简易的界面动画,也可以通过不断改变 WXS 的 style 属性值实现动画效果。同时,这种方式也可以根据用户的触摸事件动态地生成动画,还可以使用连续使用 setData()来改变界面的方法达到动画的效果。

1.6.5　小程序的事件系统

小程序的事件系统属于视图层,为了突出这部分内容,本书将其独立成一个小节进行介绍。

事件是视图层到逻辑层的通信方式。事件可以将用户的行为反馈到逻辑层进行处理。事件可以绑定到组件上,当发生触发事件时,就会执行逻辑层中对应的事件处理函数。可以使用 WXS 函数绑定事件。事件对象可以携带额外信息,如 id、dataset、touches。

事件分为冒泡事件和非冒泡事件。当一个组件上的冒泡事件被触发后,该事件会向父节点传递。当一个组件上的非冒泡事件被触发后,该事件不会向父节点传递。常见的冒泡事件包括 touchstart、touchmove、touchcancel、touchend、tap、longpress、longtap、transitionend、animationstart、animationiteration、animationend、touchforcechange 等,除此之外的其他事件如无特殊声明都是非冒泡事件。

事件绑定的写法与组件属性的写法相同,都是以 key、value 的形式。key 以 bind 或 catch 开头,然后跟上事件的类型,如 bindtap、catchtouchstart。bind 和 catch 后可以紧跟一个冒号,其含义不变,如 bind:tap、catch:touchstart。bind 事件绑定不会阻止冒泡事件向上冒泡,catch 事件绑定可以阻止冒泡事件向上冒泡。value 是一个字符串,需要在对应的 Page(页面)中定义同名的函数,不然当触发事件的时候会报错。

触摸类事件支持捕获阶段。捕获阶段位于冒泡阶段之前,且在捕获阶段中事件到达节点的顺序与冒泡阶段恰好相反。在捕获阶段监听事件时,可以采用 capture-bind、capture-catch 关键字,后者将中断捕获阶段和取消冒泡阶段。

如无特殊说明,当组件触发事件时,逻辑层绑定该事件的处理函数会收到一个事件对象。

1.6.6　小程序的运行

微信小程序可以在 iOS(iPhone/iPad)、Android 系统和用于调试的开发者工具等环境中。3 种脚本执行环境以及用于渲染非原生组件的环境是各不相同的。在 iOS 上微信小程序逻辑层的代码运行在 JavaScriptCore 中,视图层由 WKWebView 渲染。在 Android 系统上微信小程序逻辑层的代码运行在 V8 中,视图层由微信官方自主研发的 XWeb 引擎基于 Mobile Chrome 67 内核来渲染。在微信开发者工具的环境中微信小程序逻辑层的代码运行在 NW.js 中,视图层是由 Chromium 60 Webview 渲染。微信开发者工具仅供调试使用,最终的表现以客户端为准。开发者需要在 iOS 和 Android 系统上分别检查小程序的真实表现。基于安全考虑,小程序中不支持动态执行 JavaScript 代码,即不支持使用 eval 执行 JavaScript 代码、不支持使用 new Function 创建函数。

  小程序启动后,界面被展示给用户,此时小程序处于前台状态。当用户点击右上角的胶囊按钮关闭小程序,或者按了设备 Home 键离开微信时,小程序并没有完全终止运行,而是转成后台状态,小程序还可以运行一小段时间。当用户再次进入微信或再次打开小程序时,小程序又会从后台转到前台。但如果用户很久没有再进入小程序,或者系统资源紧张,小程序可能被销毁,即完全终止运行。这样,小程序启动可以分为冷启动、热启动两种方式。如果用户首次打开,或小程序销毁后被用户再次打开,此时小程序需要重新加载启动,即冷启动。如果用户已经打开过某小程序,然后在一定时间内再次打开该小程序,此时小程序并未被销毁,只是从后台状态进入前台状态,这个过程就是热启动。

习题 1

简答题

1. 简述微信小程序项目的一般构成。
2. 简述对微信小程序生命周期的理解。
3. 简述对微信小程序框架的理解。
4. 简述微信小程序开发的一般步骤。
5. 简述微信小程序设计的一般原则。

实验题

1. 下载、安装、使用微信开发者工具。
2. 创建小程序项目,使其输出"你好,世界!"。
3. 应用 WXML、WXSS、JavaScript、WXS 进行开发。

第2章 微信小程序云开发简介

本章主要介绍微信小程序云开发的发展(包括与云开发相关的微信小程序基础库的发展、微信小程序云开发 wx-server-sdk 的发展、IDE 云开发和云控制台的发展)、微信小程序云开发的特点与优势、微信小程序云开发方案提供的主要服务、微信小程序云开发的一般步骤等内容。

2.1 微信小程序云开发的发展

2.1.1 与云开发相关的微信小程序基础库的发展

2018 年 8 月 19 日,基础库更新到 2.2.3 版,新增小程序云开发 SDK(即 wx-server-sdk),新增云开发数据库、云函数、文件存储基础功能。

2018 年 10 月 29 日,基础库更新到 2.3.2 版,增加 db.RegExp 和正则查询支持。

2019 年 2 月 27 日,基础库更新到 2.6.2 版,增加云开发数据库支持地理位置 API (Application Programming Interface,应用程序接口)。

2019 年 7 月 5 日,基础库更新到 2.7.3 版,增加数据库支持聚合功能。

2019 年 8 月 22 日,基础库更新到 2.8.1 版,增加数据库实时数据推送,更新了云开发数据库聚合支持、Network 面板展示、分享图支持云文件 ID。

2019 年 9 月 17 日,基础库更新到 2.8.3 版,增加数据库 8 个查询指令、7 个更新指令和 1 个投影操作符。

2.1.2 微信小程序云开发 wx-server-sdk 的发展

2018 年 8 月 16 日,发布微信小程序云开发 wx-server-sdk 的 0.0.7 版,支持云开发数据库、云函数、文件存储基础功能。

2018年10月19日,发布0.0.21版,新增getWXContext()方法,该API可以用于获取微信调用上下文(包括 APPID、OPENID 和 UNIONID)。

2018年10月29日,发布0.0.24版,新增数据库支持正则查询。

2019年3月22日,发布0.2.2版,新增云开发数据库支持地理位置API。

2019年5月15日,发布0.5.1版,新增云调用服务端调用、云调用开放数据调用。2019年5月30日,发布0.6.0版,新增云函数内通过getWXContext()方法获取当前所在环境。

2019年6月28日,发布0.7.0版,新增getWXContext()方法新增返回表示云函数最初调用来源的SOURCE字段。

2019年7月1日,发布0.8.1版,新增数据库聚合功能。

2019年9月12日,发布1.1.1版,新增常量DYNAMIC_CURRENT_ENV。2019年9月16日,发布1.2.1版,新增数据库多个查询、投影操作符。

2019年10月14日,发布1.3.0版,新增数据库多个查询、投影操作符。新增查询操作符(all,elemMatch,exists,size,mod)、更新操作符(push,pull,pullAll,addToSet,rename,max,min)、聚合流水线阶段lookup,可用于聚合流水线lookup阶段的pipeline操作符。

2019年10月21日,发布1.4.0版,新增not、expr操作符。

2019年10月23日,发布1.5.0版,新增logger()方法,支持高级日志。11月8日发布1.5.31版。

2019年12月24日,发布1.7.0版,新增数据库事务API。

2020年4月3日,发布1.8.3版,新增定义文件index.d.ts。

2020年5月6日,发布2.0.2版,新增微信支付能力、云函数灰度能力。

2020年9月8日,云开发Web SDK 1.1.0版发布,新增支持通过公众号网页授权登录、公众号使用小程序云开发资源(即环境共享)、云托管等功能。Web SDK在Web中使用,可以访问云开发资源,既支持公众号登录态、也支持未登录模式。

2.1.3 IDE 云开发和云控制台的发展

2018年11月15日,增加云数据库索引可以增加唯一性限制、云数据库导出。

2018年11月27日,增加定时触发器。

2018年12月18日,增加插件plugin.json支持cloud:true。

2019年3月21日,增加IDE(即微信开发者工具)支持云函数本地调试。

2019年3月25日,增加云控制台支持添加地理位置索引。

2019年5月17日,增加控制台支持展示详细配额使用信息。

2019年5月24日,增加IDE支持云函数增量上传(上传单文件或目录)、云函数本地调试支持开发数据调用。

2019年5月30日,增加IDE Network面板支持展示云开发请求。

2018年6月20日,增加云控制台支持数据库高级查询CRUD。2019年6月25日,增加云控制台支持云函数接收消息推送配置。

2019年10月18日,增加定时触发器支持使用云调用。

2.2 微信小程序云开发的特点与优势

2.2.1 微信小程序云开发的特点

微信"小程序·云开发"(简称小程序云开发或云开发)是腾讯云和微信团队联合开发的,集成为小程序控制台的原生 serverless(无服务器)云服务。云开发解决方案包括存储数据与文件(包括存储、云数据库)、运行后端代码(包括云函数、云托管)、扩展能力(包括静态网站、容管理)、打通微信生态(包括云调用、微信支付、环境共享)等核心功能,具备简化运维、高效鉴权等优势。

云开发提供了一整套云服务及简单易用的 API 和管理界面,以便尽可能地降低后端的开发成本,让开发者能够尽可能轻松地完成后端的操作和管理,从而更好地专注于核心业务逻辑的开发。

随着微信小程序云开发能力越来越强,开发者可以使用云开发快速开发小程序(本书主要介绍此类应用开发)、小游戏、公众号网页等,并且具有原生打通微信开放能力。

云开发为开发者提供完整的原生云端支持和微信服务支持,弱化了后端和运维的概念。开发者可以直接使用云平台提供的 API 进行核心业务开发而无须搭建服务器,可以实现产品(或服务)的快速上线和迭代。与此同时,云开发解决方案并不排斥开发者已经使用的云服务,能够做到相互兼容,有较好的兼容性。

2.2.2 与传统开发对比小程序云开发的优势

传统开发过程中需要处理许多非业务逻辑,从而导致开发效率难以提升。而且,前后端联调、资源存储、部署等操作繁杂,步骤多,上线流程耗时长。无论是物理机托管,还是云主机维护,都需要投入较多的人力、物力,还需要时刻关注环境运行状况,管理相关资源,运维难度大。对于单个开发者来说,这些挑战更加严峻。

与传统开发相比,云开发的优势体现在。

(1) 只需要专注于业务开发、编写核心逻辑代码,不需要关注后端配置与部署。

(2) 按照请求数量和资源运行情况进行收费,极大地节约时间和成本。提供一定量免费额度使用,对单个开发者来说较为适用。

(3) 原生集成微信 SDK(Software Development Kit,软件开发工具包),实现了云相关 API 开箱即用。同时,内建小程序用户鉴权,通过云调用可免鉴权直接调用微信开放接口。

(4) 底层资源由腾讯云提供专业支持,满足不同业务场景和需求,具备快速拓展能力,确保服务稳定、数据安全。

(5) 开发者可以使用任意语言和框架进行代码开发,构建为容器后,快速将其托管至云开发。

(6) 支持环境共享,一个后端环境可开发多个小程序、公众号、网页等,便于复用业务代码与数据。微信小程序云开发已支持在 Web 端使用环境共享功能,即一个微信小程序的云开发资源可以授权共享给同一主体下多个微信公众号(或微信公众号授权的 Web 端)使用。

(7) 与微信生态整合容易。易于提供云函数、云数据库、云存储等,并可免鉴调用微信接口。

2.3 微信小程序云开发解决方案提供的主要服务

2.3.1 数据库

无须自建数据库,云开发提供了一个既可在小程序前端操作又能在云函数中读写的 JSON 数据库(简称为云数据库、数据库),该数据库中的每条记录都是一个 JSON 格式的对象。因此,该数据库是一种文档型数据库。一个 JSON 数据库可以有多个集合(相当于关系数据中的表),集合可看作一个 JSON 数组,数组中每个对象就是一条记录,每条记录也都是 JSON 格式的对象。关系数据库和云开发中 JSON 数据库(文档型数据库)的概念对应关系如表 2-1 所示。

表 2-1 关系数据库和云开发中 JSON 数据库的概念对应关系

关系数据库	JSON 数据库	关系数据库	JSON 数据库
数据库 database	数据库 database	行 row	记录 record/doc
表 table	集合 collection	列 column	字段 field

数据库中每条记录都有一个 _id 字段用来唯一标识一条记录、一个 _openid 字段用来标识记录的创建者,即云开发的开发者。需要特别注意的是,在管理端(控制台和云函数)中创建集合时不会有 _openid 字段,因为这是属于管理员创建的记录。开发者可以自定义 _id,但不可自定义和修改 _openid。_openid 是在文档创建时由系统根据小程序用户默认创建的,开发者可使用其来标识和定位文档。

数据库 API 分为小程序端和服务端两部分,小程序端 API 拥有严格的调用权限控制,开发者可在小程序内直接调用 API 进行非敏感数据的操作。对于有更高安全要求的数据,可在云函数内通过服务端 API 进行操作。云函数的环境与客户端是完全隔离的,在云函数中可以私密且安全地操作数据库。

数据库 API 包含增、删、改、查的功能。使用 API 操作数据库只需三步:获取数据库引用、构造查询/更新条件、发出请求。

2.3.2 存储

无须自建存储和 CDN,云开发提供了一块存储空间,提供了上传文件到云端、带权限管理的云端下载功能,开发者可以在小程序端和云函数中通过 API 使用云存储(或简称存储)功能,例如,可以在小程序端分别调用 wx.cloud.uploadFile() 和 wx.cloud.downloadFile() 完成上传和下载文件操作,还可以在云开发控制台对存储的内容进行可视化管理。

存储提供高可用、高稳定、强安全的云端存储服务,支持任意数量和形式的非结构化数据存储,如视频和图片。存储包含以下功能。

(1)存储管理。支持文件夹,方便对文件的归类。支持文件的上传、删除、移动、下载、搜索等,并且可以查看文件的详情信息。

(2)权限设置。可以灵活地设置哪些用户可以读写该文件夹中的文件,以保证业务数据的安全。

(3) 上传管理。可以查看文件上传的历史、进度及状态。

(4) 文件搜索。支持基于文件前缀名称及子目录文件的搜索。

(5) 组件支持。支持在 image、audio 等组件中传入文件 ID。

2.3.3　云函数和云托管

云函数是一段在云端(即服务器端)运行的函数(即可运行的后端代码)。在物理设计上,一个云函数可由多个文件组成,占用一定量的 CPU 内存空间等计算资源。各个云函数完全独立,可分别部署在不同的地区。开发者不需要购买、搭建、管理服务器,只需要在微信开发者工具内编写体现自身业务逻辑的函数代码并一键上传、部署到云端。云函数上传到云端后,就可以在小程序端进行调用了,同时云函数之间也可以互相调用。在云端运行的代码,可以利用微信私有协议进行鉴权。

云托管可以看作是云函数的高阶版本,是云开发为开发者提供的云原生容器服务,支持托管任意语言及框架的容器化应用。在云托管中,用户无须维护复杂的容器环境,即可专注于自身的业务。一键开通后即可享受能自动扩缩容的容器资源,具有自由灵活,支持任意语言、任意框架、常驻运行,以及云函数的微信天然鉴权等优势。由于本书编写时没有云托管功能,本书对云托管没有更深入的说明,读者可以参考官方网站的说明。

开发者可以在云函数内使用官方提供的 NPM 包 wx-server-sdk 中 getWXContext()方法获取每次调用的上下文(appid、openid 等),无须维护复杂的鉴权机制,即可获取天然可信任的用户登录态(openid)。

如果需要在云函数中实现操作数据库、管理文件、调用其他云函数等操作,可使用 wx-server-sdk 进行操作。

2.3.4　云调用

云调用是云开发提供的基于云函数免鉴权使用小程序开放接口的功能。目前支持服务端调用、开放数据调用和消息推送。云调用支持在云函数调用服务端开放接口,如发送模板消息、获取小程序码、获取开放数据等操作都可以在云函数中完成。

云调用需要在云函数中通过 wx-server-sdk 使用。在云函数中使用云调用调用服务端接口无须换取 access_token,只要是在从小程序端发起的云调用都经过微信自动鉴权,可以在登记权限后直接调用开放接口。

小程序可以通过各种前端接口获取微信提供的开放数据。对返回敏感开放数据的小程序端接口,如果小程序已开通云开发,则可在开放数据接口的返回值中获取唯一对应敏感开放数据的 cloudID,通过云调用可以直接获取开放数据。考虑到开发者服务端也需要获取这些开放数据,微信提供了两种获取方式:开发者后台校验与解密开放数据、云调用直接获取开放数据。

云开发也支持通过云函数接收小程序消息推送(如接收到客服消息时触发云函数)。接收微信小程序消息推送服务,可以采用不同的两种方式:开发者服务器接收消息推送和云函数接收消息推送。

2.3.5 HTTP 应用程序接口

云开发资源也可以在非小程序端访问 HTTP 应用程序接口(Application Programming Interface，API)，即在小程序外访问云资源、服务。使用 HTTP 的 API 开发者可在已有服务器上访问云资源、服务，实现与云开发的互通。

2.4 微信小程序云开发的一般步骤

视频讲解

2.4.1 注册小程序账号和准备开发环境

先在微信公众号平台进行申请并提交相应资料，注册微信小程序开发账号，再下载、安装微信开发者工具。在小程序 Network 面板中会显示云开发请求(数据库、云函数、文件存储等调用)，在 Network 面板中显示的是 API 名(wx.cloud.uploadFile()方法和 wx.cloud.downloadFile()方法除外)、有特殊的请求类型 cloud、环境 ID、请求体(数据库调用的请求体以 SDK 语法展示)、JSON 返回包、耗时及调用堆栈。

2.4.2 创建小程序云开发项目

在图 1-3 的新建项目界面中，设置项目名称(如 helloworld)，选择项目目录(如 D:\wxxcxkfjc)，选择开发模式(如"小程序")，选择后端服务(如"小程序·云开发")，结果如图 2-1 所示。单击"确定"按钮后，开发工具新建一个基于云开发 QuickStart 的项目 helloworld，结果如图 2-2 所示。

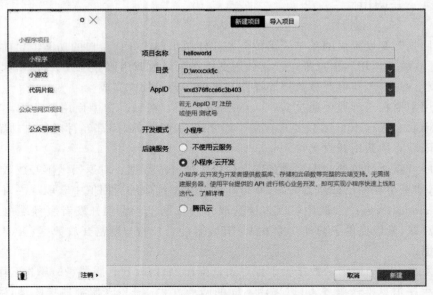

图 2-1 新建"小程序·云开发"项目 helloworld 界面

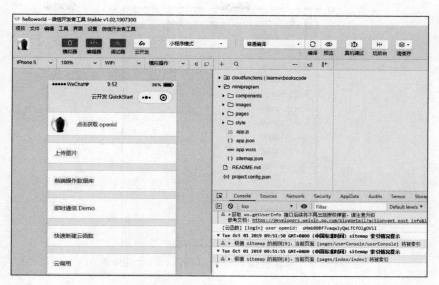

图 2-2　新建项目 helloworld 的结果

新建项目 helloworld 之后，项目的主要目录、文件如图 2-3 所示。项目的根目录下有两个子目录（miniprogram 和 cloudfunctions|learnwxbookscode）和两个文件（project.config.json 和 README.md）。文件 project.config.json 中增加了 cloudfunctionRoot 等字段，cloudfunctionRoot 字段用于指定存放云函数的目录，miniprogramRoot 指定小程序源码的目录（需要为相对路径），qcloudRoot 指定腾讯云项目的目录（需要为相对路径），pluginRoot 指定插件项目的目录（需要为相对路径）。目录 miniprogram 处理包括不使用云服务的微信小程序项目的初始目录和文件之外，还包括 components、images、style 等新目录。cloudfunctions|learnwxbookscode 目录包含 callback、echo、openapi 三个子目录和一个云函数目录 login。

2.4.3　开通云开发并配置云开发环境

创建了第一个云开发小程序后，在使用云开发功能之前需要先开通云开发。在开发者工具中单击"云开发"按钮，如图 2-4 所示，即可打开云开发控制台。根据提示开通云开发、创建云环境，结果如图 2-5 所示。

在编写本书时免费情况下可以创建两个环境，各个环境相互隔离，每个环境都包含独立的数据库实例、存储空间、云函数配置等资源。每个环境都有唯一的环境 ID 标识，初始创建的环境自动成为默认环境。

开通创建环境后，即可以开始在模拟器上操作小程序体验云开发提供的部分基础功能演示。

2.4.4　通过云开发控制台管理云资源

云开发控制台是可视化的云资源管理器，是管理云开发资源的地方，如图 2-6 所示。云开发控制台提供以下针对云开发资源、服务的管理功能。

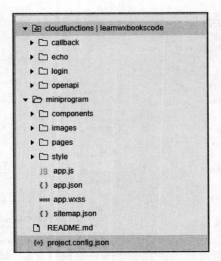

图 2-3　新建项目 helloworld 的目录、文件构成

图 2-4　用来开通云开发的"云开发"按钮

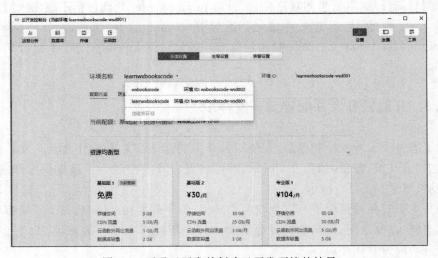

图 2-5　开通云开发并创建云开发环境的结果

（1）概览：查看云资源的总体使用情况。
（2）运营分析：查看云开发监控、配额使用量、用户访问情况。
（3）管理数据库：可查看、增加、更新、查找、删除数据，管理索引，管理数据库访问权限等。
（4）管理存储：查看和管理存储空间，管理文件、对存储的权限设置。
（5）管理用户：查看小程序的用户访问记录。

(6) 管理云函数：查看调用日志、配置、监控记录。

(7) 统计分析：查看云资源详细使用统计。

在用户管理中会显示使用云能力的小程序的访问用户列表，默认以访问时间倒序进行排列，访问时间的触发点是在小程序端调用 wx.cloud.init()方法，且其中的 traceUser 参数传值为 true。

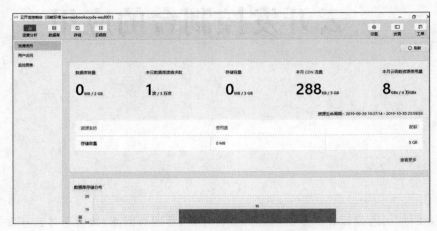

图 2-6　云开发控制台管理云资源的界面

2.4.5　使用云开发创建小程序

使用开发创建小程序时，一般可以将开发步骤细分为：

(1) 进行数据库的分析、设计，实现数据库的增加、删除、修改和查询等管理代码，先实现服务端代码，再实现小程序端相关代码；

(2) 进行存储的分析、设计，实现存储的管理代码，先实现服务端代码，再实现小程序端相关代码；

(3) 分析、设计、实现云函数；

(4) 实现云调用等相关代码；

(5) 实现小程序端除云开发之外的其他代码；

(6) 重复第(1)～(5)步，直至实现小程序所有设计为止。

其中，小程序端代码的实现过程可以参考 1.5.1 节不使用云服务的一般小程序开发步骤。服务端的具体实现过程可以结合后面章节的具体示例加深理解。

习题 2

简答题

1. 简述微信小程序云开发的特点与优势。
2. 简述微信小程序云开发方案提供的主要服务。
3. 简述云开发的一般步骤。

第3章 云开发控制台的应用

本章介绍如何通过云开发控制台进行运营分析、管理数据库,如何通过云开发控制台进行存储管理、云函数管理,以及如何对云开发控制台进行设置等内容。

3.1 通过云开发控制台进行运营分析

3.1.1 查看资源使用情况

云开发控制台默认的首页是"运营分析"页面,在该页中默认的子页是"资源使用"页,如图 3-1 所示。该页面显示了资源使用情况,在图 3-1 中,单击"查看更多"按钮,显示更多的资源使用情况,结果如图 3-2 所示。

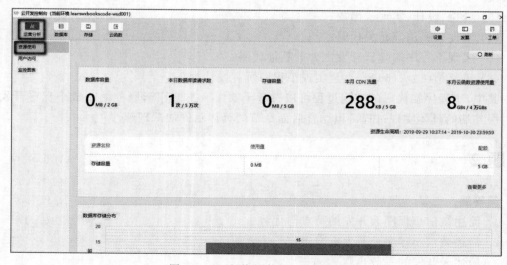

图 3-1 显示"资源使用"页的界面

资源生命周期：2019-09-29 10:37:14 - 2019-10-30 23:59:59

资源名称	使用量	配额
存储容量	0 MB	5 GB
存储读请求次数	86 次	150 万次 / 月
存储写请求次数	23 次	60 万次 / 月
CDN 回源流量	103.24 KB	5 GB / 月
存储 CDN 流量	288.62 KB	5 GB / 月
云函数资源使用量	8.9 GBs	4 万GBs / 月
云函数外网出流量	48 KB	1 GB / 月
数据库容量	0 MB	2 GB
数据库读请求数	1 次	5 万次 / 日
数据库写请求数	0 次	3 万次 / 日

图 3-2　单击图 3-1 中“查看更多”按钮后显示更多资源使用情况的结果

3.1.2　查看用户访问情况

在图 3-1 中，单击“用户访问”按钮，结果如图 3-3 所示，显示了用户访问情况。

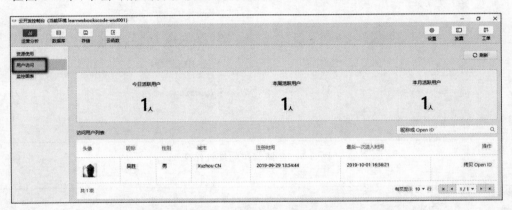

图 3-3　单击图 3-1 中“用户访问”按钮后显示用户访问情况的统计结果

3.1.3　查看监控统计情况

在图 3-1 中，单击“监控图表”按钮后，单击“数据库监控”按钮，结果如图 3-4 所示，显示了数据库监控统计的结果。除了可以选择不同的监控对象，还可以选择统计时间。在图 3-4 中，单击“存储监控”按钮，结果如图 3-5 所示。在图 3-4 中，单击“云函数监控”按钮，结果如图 3-6 所示。当有多个云函数时，可以选择要监控的云函数。在图 3-4 中，单击“全部”按钮后显示所有监控项的统计结果，如图 3-7 所示。图 3-7 中显示的监控结果包含了图 3-4～图 3-6 中所有的监控结果。

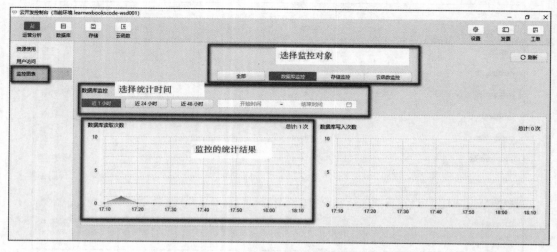

图 3-4　数据库监控的统计结果

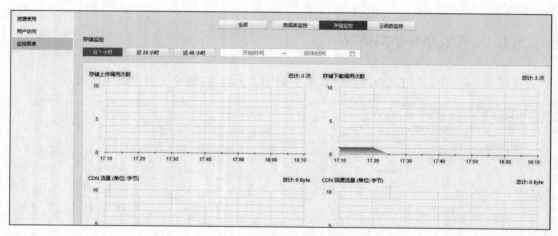

图 3-5　存储监控的统计结果

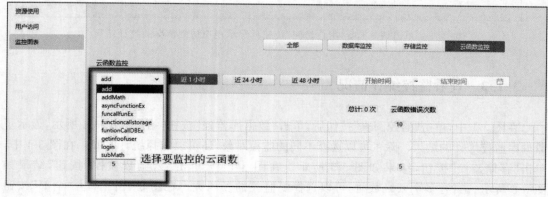

图 3-6　云函数监控的统计结果

第3章 云开发控制台的应用 41

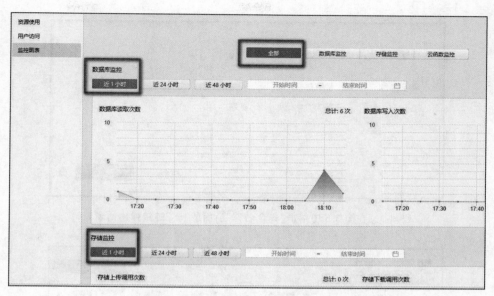

图 3-7　单击图 3-4 中"全部"按钮后显示所有监控项的统计结果

3.2　通过云开发控制台管理数据库

3.2.1　创建数据集合

视频讲解

在开发工具中单击"云开发"按钮打开控制台,选择"数据库"选项卡,如图 3-8 所示。在图 3-8 中,单击"集合名称"后面的"＋"链接,弹出创建集合的窗口,如图 3-9 所示。在如图 3-9 所示的窗口中输入集合名称 todos 后单击"确定"按钮,创建一个名为 todos 的集合,结果如图 3-10 所示。

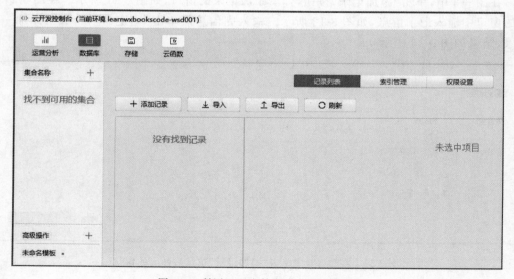

图 3-8　利用云开发控制台打开数据库

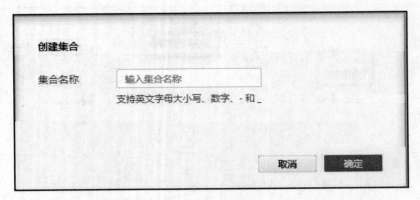

图 3-9　在图 3-8 中单击"集合名称"后面的"＋"链接弹出的窗口

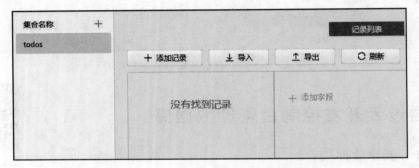

图 3-10　创建集合 todos 的结果

3.2.2　添加记录

在图 3-8 中，单击"添加记录"按钮，弹出添加记录的窗口，如图 3-11 所示。在图 3-11 所示的窗口中输入记录信息，如图 3-12 所示。输入完信息后单击"确定"按钮，成功添加一条记录，结果如图 3-13 所示。

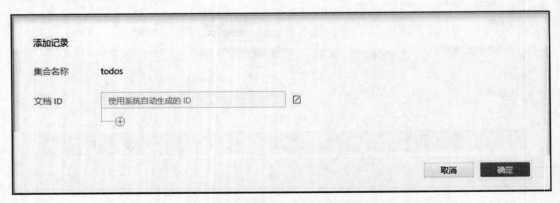

图 3-11　在图 3-8 中单击"添加记录"按钮后弹出的窗口

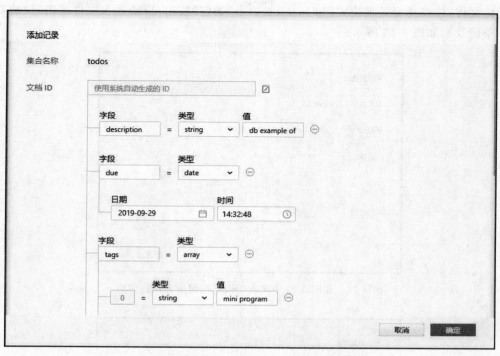

图 3-12　在图 3-11 中输入记录信息的界面

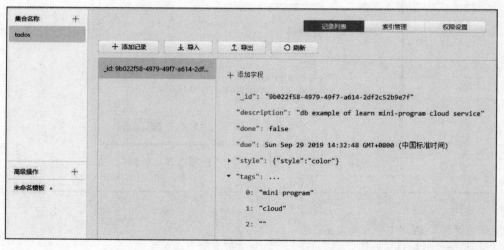

图 3-13　成功添加一条记录的结果

3.2.3　数据导出和导入

在图 3-13 中，单击"导出"按钮，弹出的窗口如图 3-14 所示。在图 3-14 所示的窗口中选择导出格式（如 JSON），选择导出位置，单击"确定"按钮，自动创建一个文件。

在图 3-13 中，单击"导入"按钮，弹出的窗口如图 3-15 所示。在图 3-15 所示的窗口中选择上传文件,选择冲突处理模式(如 Insert),单击"确定"按钮,自动导入文件的内容(成功添加一条记录),如图 3-16 所示。

图 3-14 在图 3-13 中单击"导出"按钮后弹出的窗口

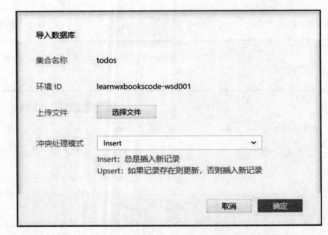

图 3-15 在图 3-13 中单击"导入"按钮后弹出的窗口

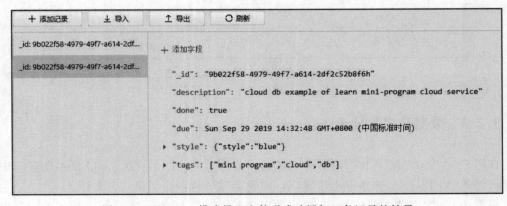

图 3-16 以 Insert 模式导入文件后成功添加一条记录的结果

3.2.4 添加字段

在图 3-16 中，单击"添加字段"链接，弹出的窗口如图 3-17 所示。在图 3-17 所示的窗口中，输入字段信息，结果如图 3-18 所示。输入完字段信息后单击"确定"按钮，自动添加一个字段，结果如图 3-19 所示。

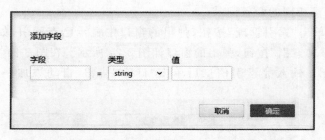

图 3-17　在图 3-16 中单击"添加字段"链接后弹出的窗口

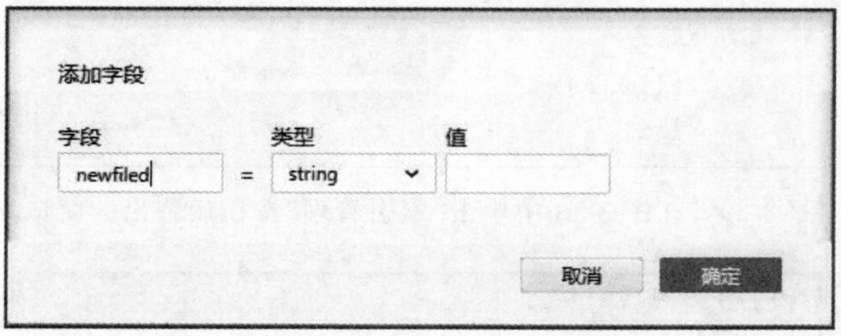

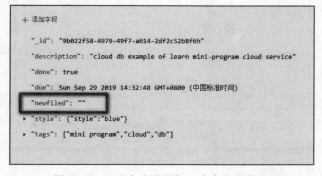

图 3-18　输入要添加的字段信息

图 3-19　记录中成功添加一个字段的结果

3.2.5 索引管理

建立索引是保证数据库性能、保证小程序使用体验的重要手段。应该为所有需要成为查询条件的字段建立索引。可以在云开发控制台中，分别对各个集合的字段添加索引。

对需要作为查询条件筛选的字段，可以创建单字段索引。如果需要对嵌套字段进行索引，则可以通过"点表示法"用点连接起嵌套字段的名称，如 style.color。在设置单字段索引时，指定排序为升序或降序不起作用。在需要对索引字段按排序查询时，数据库能够正确地对字段排序，无论索引设置为升序还是降序。

　　组合索引即一个索引包含多个字段。当查询条件使用的字段包含在索引定义的所有字段或前缀字段中时，会命中索引，优化查询性能。定义组合索引时，多个字段间的顺序不同是会有不同的索引效果的。字段排序决定排序查询是否可以命中索引。

　　创建索引时可以指定增加唯一性限制，具有唯一性限制的索引会要求被索引集合不能存在被索引字段值都相同的两条记录。

　　在图 3-13 中，单击"索引管理"按钮，弹出的窗口中显示已有索引，如图 3-20 所示。在图 3-20 中，单击"添加索引"按钮，弹出的窗口如图 3-21 所示。在图 3-21 中，输入索引信息，结果如图 3-22 所示。输入完索引信息后单击"确定"按钮，自动添加一个新索引，结果如图 3-23 所示。

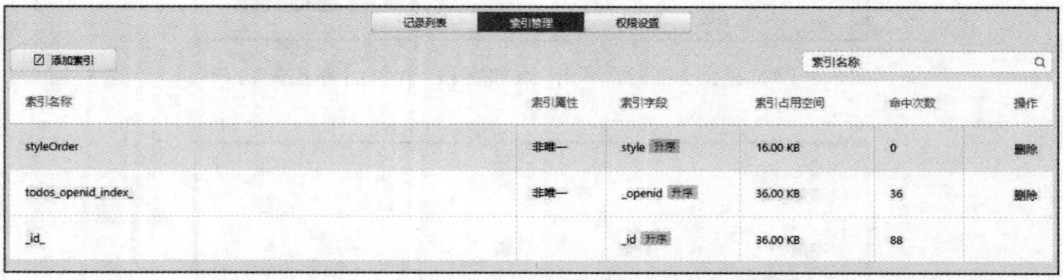

图 3-20　在图 3-13 中单击"索引管理"按钮后弹出的窗口

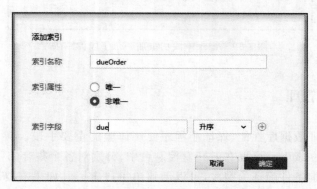

图 3-21　在图 3-20 中单击"添加索引"按钮后弹出的窗口

图 3-22　在图 3-21 中输入索引信息

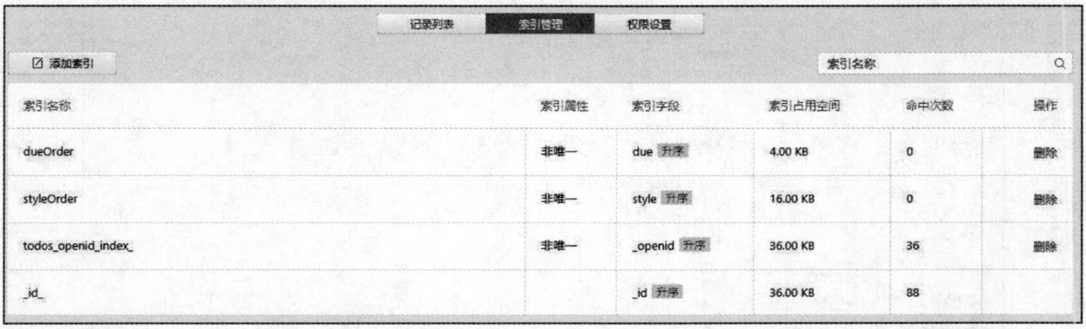

第3章 云开发控制台的应用

图 3-23　添加一个新索引的结果

3.2.6　权限设置

在图 3-13 中，单击"权限设置"按钮，选择要设置的权限，结果如图 3-24 所示。

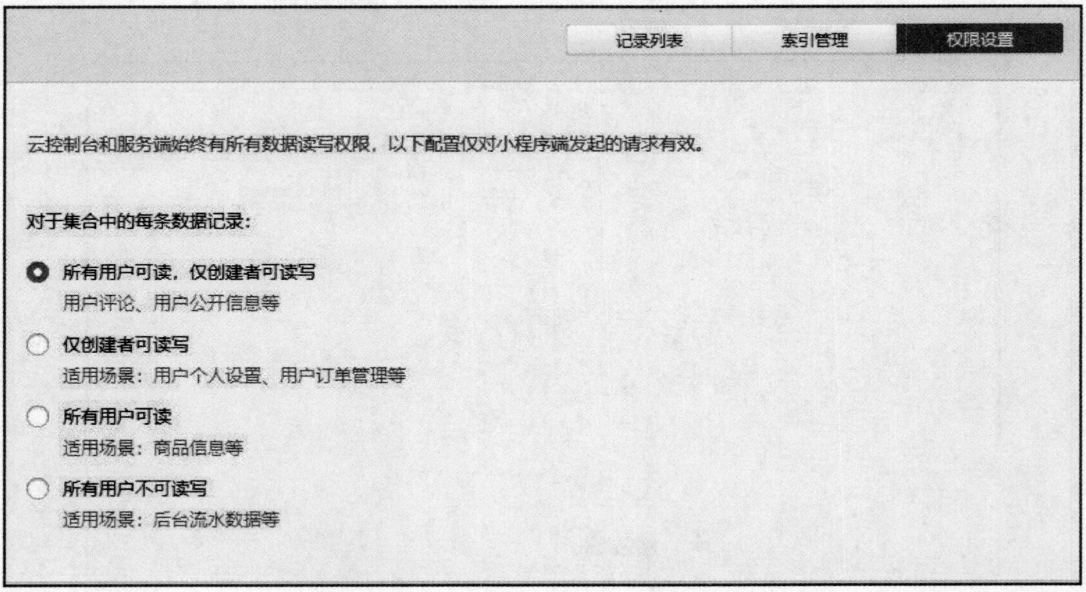

图 3-24　进行权限设置后的结果

3.2.7　高级操作

在图 3-13 中，单击"高级操作"后面的"＋"链接，弹出的窗口中显示已有的模板，如图 3-25 所示。在图 3-25 中，选择 get 模板，修改该模板的内容，并单击"执行"按钮，显示查询的结果，如图 3-26 所示。还可以将此模板重新命名为 getbooksinfo，并单击"保存"按钮，保存该模板。

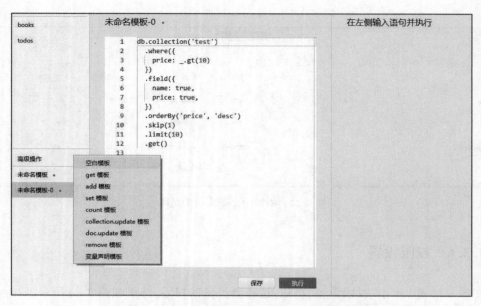

图 3-25　在图 3-13 中单击"高级操作"后面的"＋"链接后弹出的窗口

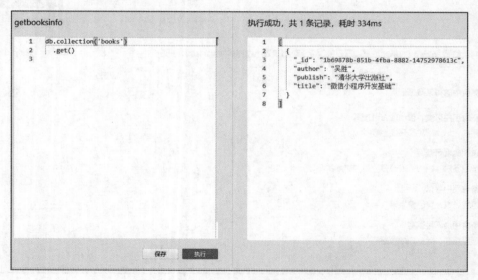

图 3-26　执行 getbooksinfo 模板的结果

3.3　通过云开发控制台进行存储管理

3.3.1　上传文件

视频讲解

在图 3-8 中，选择"存储"选项卡后，显示已有的文件夹和文件，如图 3-27 所示。在图 3-27 中，单击"上传文件"按钮，在弹出的窗口中选择文件，如图 3-28 所示。在图 3-28 中选择文件后单击"打开"按钮，上传文件成功后结果如图 3-29 所示。

第3章 云开发控制台的应用 49

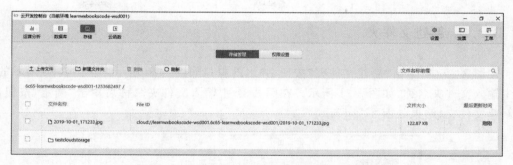

图 3-27 在图 3-8 中选择"存储"选项卡后的结果

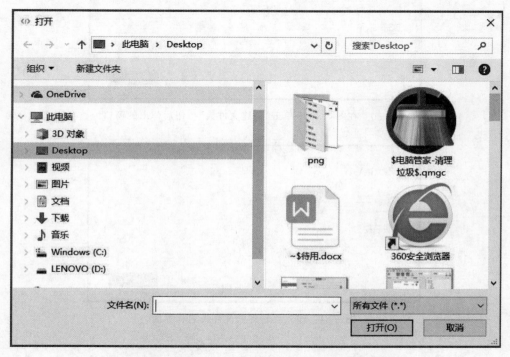

图 3-28 在图 3-27 中单击"上传文件"按钮后的结果

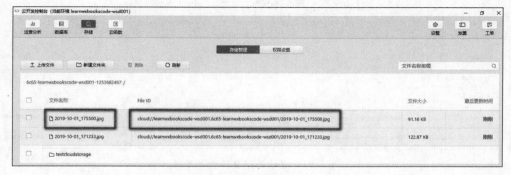

图 3-29 上传文件成功的结果

3.3.2 新建文件夹

在图 3-29 中,单击"新建文件夹"按钮,弹出的窗口如图 3-30 所示。在图 3-30 所示的窗口中输入文件夹名称,如图 3-31 所示。在图 3-31 中输入文件夹名称后单击"确定"按钮,成功新建文件夹,结果如图 3-32 所示。

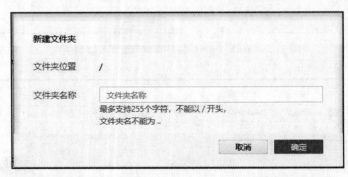

图 3-30 在图 3-29 中单击"新建文件夹"按钮后弹出的窗口

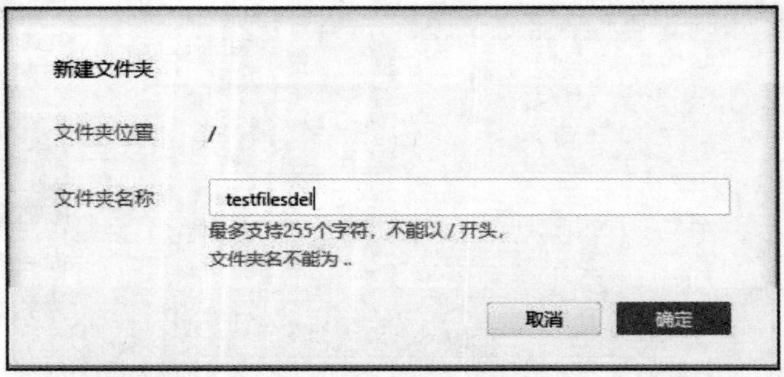

图 3-31 输入要新建的文件夹名称界面

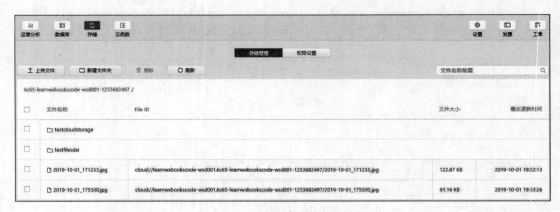

图 3-32 成功新建文件夹的结果

3.3.3 删除文件和文件夹

在图 3-32 中,勾选要删除的文件名或文件夹名前的复选框,如图 3-33 所示。在图 3-33 中,单击"删除"按钮,成功删除文件和文件夹。

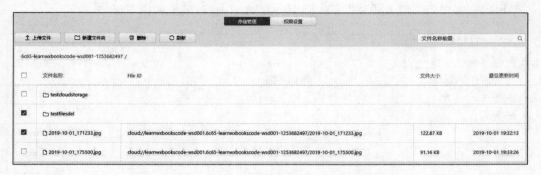

图 3-33　勾选要删除的文件和文件夹的复选框界面

3.3.4 权限设置

在图 3-33 中,单击"权限设置"按钮,选择要设置的权限,结果如图 3-34 所示。

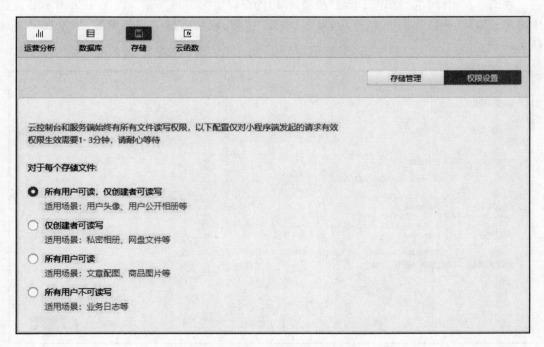

图 3-34　进行权限设置后的结果

3.4 通过云开发控制台进行云函数管理

3.4.1 显示云函数列表

在图 3-34 中,选择"云函数"选项卡,显示已有云函数,结果如图 3-35 所示。

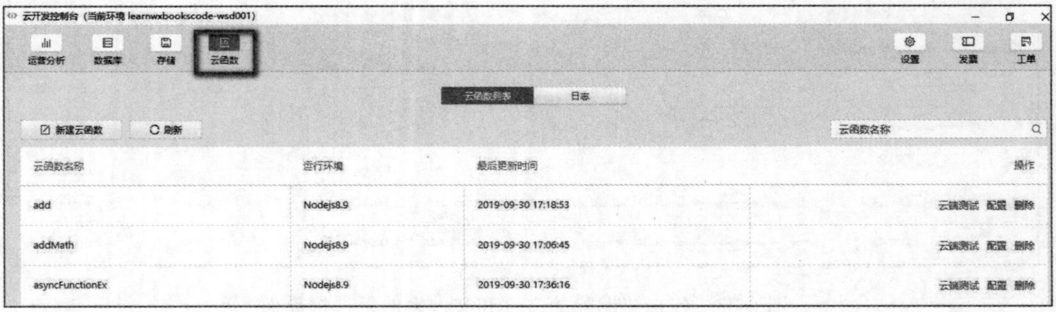

图 3-35 在图 3-34 中选择"云函数"选项卡的结果

3.4.2 新建云函数

在图 3-35 中,单击"新建云函数"按钮,弹出的窗口如图 3-36 所示。在图 3-36 所示的窗口中输入云函数信息,如图 3-37 所示,单击"确定"按钮,成功新建一个云函数,结果如图 3-38 所示。

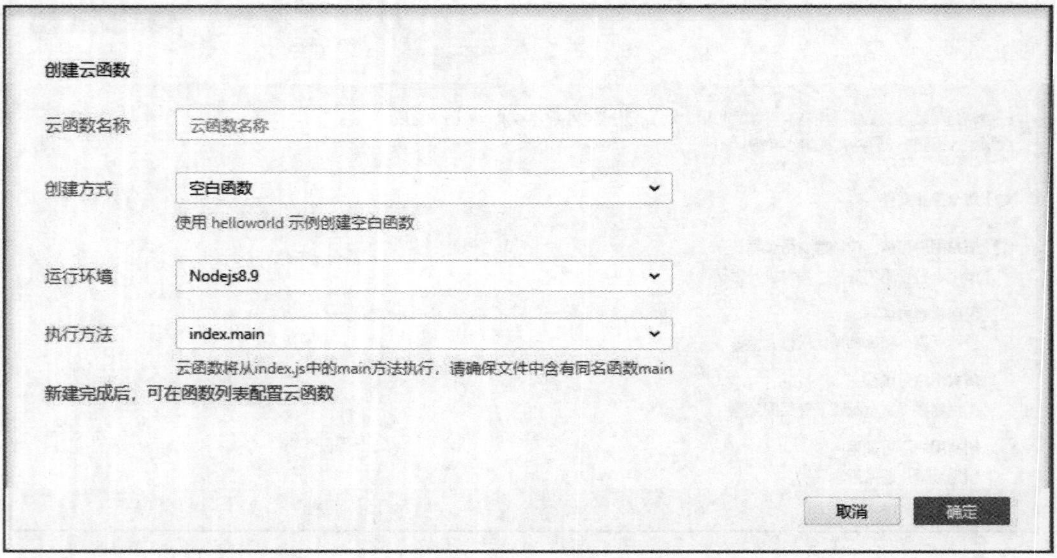

图 3-36 在图 3-35 中单击"新建云函数"按钮后弹出的窗口

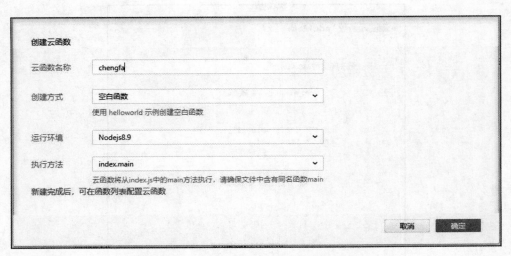

图 3-37　输入新建的云函数信息的结果

图 3-38　成功新建云函数的结果

3.4.3　云端测试

在图 3-35 中，单击云函数（如 addMath）后面的"云端测试"链接，从右边弹出侧边栏窗口，如图 3-39 所示。在图 3-39 所示的窗口中输入测试数据后，单击"运行测试"按钮，如图 3-40 所示。等待测试结束，结果如图 3-41 所示。

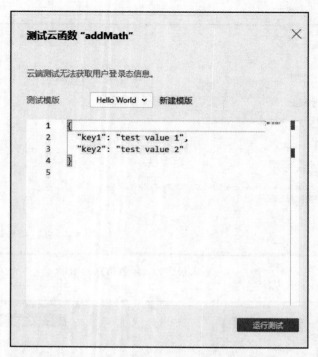

图 3-39　在图 3-35 中单击云函数 addMath 后面的"云端测试"链接后弹出的窗口

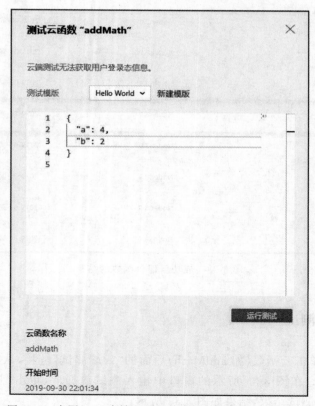

图 3-40　在图 3-39 中输入测试数据后单击"运行测试"按钮

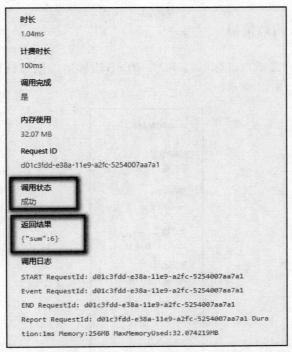

图 3-41　在图 3-39 中输入测试数据后单击"运行测试"按钮的结果

3.4.4　配置云函数和删除云函数

在图 3-35 中，单击云函数（如 addMath）后面的"配置"链接，弹出的窗口如图 3-42 所示。在此基础上，可以进行云函数的配置。在图 3-35 中，单击云函数（如 addMath）后面的"删除"链接，即可删除该云函数。

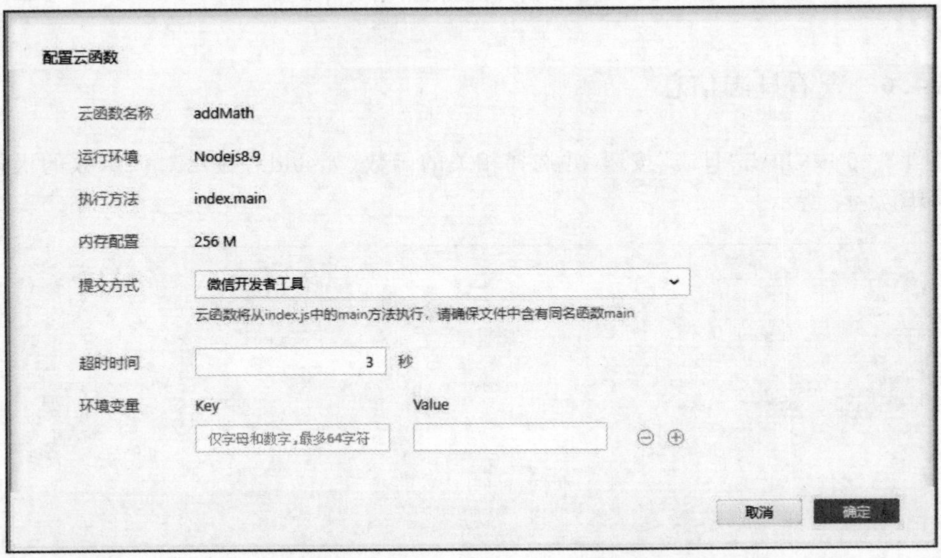

图 3-42　在图 3-35 中单击云函数 addMath 后面的"配置"链接后弹出的窗口

3.4.5 查看云函数信息

在图 3-35 中，单击云函数名称（如 addMath），右边弹出的侧边栏窗口中显示了云函数的相关信息，结果如图 3-43 所示。

图 3-43　显示云函数 addMath 相关信息的窗口

3.4.6 查看日志信息

在图 3-35 中，单击"日志"按钮，并选择相关的函数（如 add），显示对该函数的操作日志信息，如图 3-44 所示。

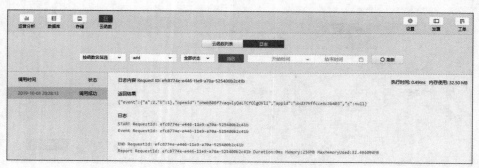

图 3-44　云函数操作日志信息

3.4.7 高级日志

在图 3-45 中，单击"高级日志"按钮，并单击"开始使用"按钮，选择相关的函数（如 add），显示对该函数的操作日志信息，如图 3-46 所示。

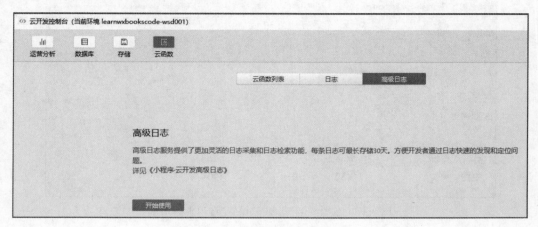

图 3-45 云函数"高级日志"界面

图 3-46 云函数高级日志的信息

开启日志服务后，开发者可在"高级日志"界面进行日志检索。

切换时间、排序方式及输入相应检索字段均可触发日志检索。由于每条日志最长保存 30 天，因此从当前日期算起，时间选择不得超过 30 天。通过输入查询语句可以自定义检索条件，实现更加强大的检索需求。

3.5 云开发控制台的设置

3.5.1 显示云开发环境

在图 3-35 中，选择"设置"选项卡，显示已有的云开发环境信息，结果如

图 3-47 所示。

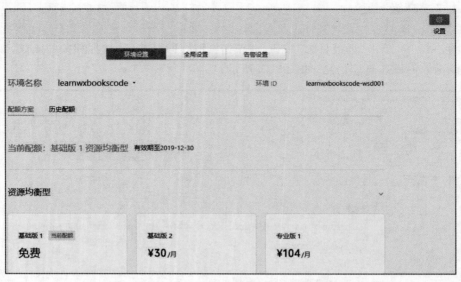

图 3-47　在图 3-35 中选择"设置"选项卡的结果

3.5.2　设置云函数接收消息推送

在图 3-47 中，单击"全局设置"按钮，结果如图 3-48 所示。在图 3-48 中单击文字"云函数接收消息推送"后面的开关（switch）按钮，会弹出"开启云函数接收消息推送"对话框，结果如图 3-49 所示。在图 3-49 中，单击"确定"按钮，结果如图 3-50 所示。

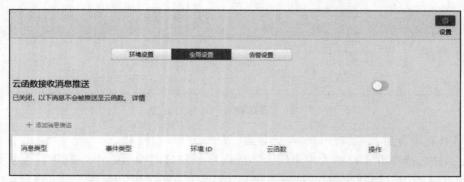

图 3-48　在图 3-47 中单击"全局设置"按钮的结果

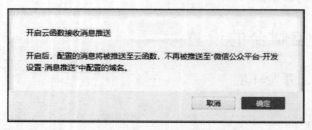

图 3-49　在图 3-48 中单击文字"云函数接收消息推送"后面开关（switch）按钮的结果

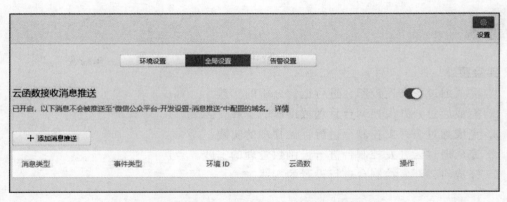

图 3-50　在图 3-49 中单击"确定"按钮后的结果

3.5.3　设置告警信息

目前"小程序·云开发"提供两种消息推送渠道用于推送基础告警：通过微信公众号平台、公众号推送告警消息至小程序的相关人员（简称公告号告警）和推送告警消息至小程序云监控告警群中（简称群告警）。默认情况下，系统同时开启这两种告警渠道。如果需要调整告警渠道，开发者可以通过登录微信开发者工具，在云开发控制台的设置页面的"告警设置"功能中进行设置。

基础告警包括资源使用提醒、计费相关提醒。基础告警为系统默认设置告警规则，开发者暂时无法修改相关告警规则，但可通过告警渠道设置接收告警的方式。详细的告警规则可参考告警规则。

在图 3-50 中，单击"告警设置"按钮，结果如图 3-51 所示。

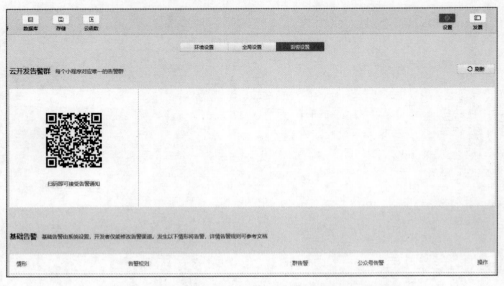

图 3-51　在图 3-50 中单击"告警设置"按钮的结果

习题 3

实验题

1. 完成通过云开发控制台进行运营分析的实践。
2. 完成通过云开发控制台管理数据库的实践。
3. 完成通过云开发控制台进行存储管理的实践。
4. 完成通过云开发控制台进行云函数管理的实践。
5. 完成对云开发控制台进行设置的实践。

第4章

不使用云服务的小程序开发示例

本章介绍不使用云服务小程序的开发示例,通过这些示例说明如何基于微信小程序的组件、API 进行小程序开发和如何进行基于自定义组件的微信小程序开发,为后面的云开发打下基础。

4.1 基于微信小程序组件的开发示例

4.1.1 修改文件 app.json

视频讲解

在 1.3 节新建的项目 demo 的基础上,修改文件 app.json,文件 app.json 修改后的代码如例 4-1 所示。

【例 4-1】 文件 app.json 修改后的代码示例。

```json
{
  "pages": [
    "pages/travel/travel",
    "pages/index/index",
    "pages/example/example",
    "pages/logs/logs"
  ],
  "window": {
    "backgroundTextStyle": "light",
    "navigationBarBackgroundColor": "#fff",
    "navigationBarTitleText": "旅游调查问卷",
    "navigationBarTextStyle": "black"
  },
  "sitemapLocation": "sitemap.json"
}
```

修改代码后编译程序，自动在目录 pages 下生成 travel 子目录，且在 pages/travel 目录下自动生成了 travel 页面的 4 个文件（如 travel.wxml 等）。

4.1.2 修改文件 travel.wxml

修改文件 travel.wxml，文件 travel.wxml 修改后的代码如例 4-2 所示。

【例 4-2】 文件 travel.wxml 修改后的代码示例。

```
<!-- pages/travel/travel.wxml -->
<text>pages/travel/travel.wxml</text>
<view class="content">
  <form bindsubmit="formSubmit" bindreset="formReset">
    <view class="section section_gap">
      <view class="section__title">输入每年用于旅游的支出￥：</view>
      <input name="fee" placeholder="请在此输入支出" value="{{fee}}" />
    </view>
    <view class="section section_gap">
      <view class="section__title">自由行还是跟团：</view>
      <radio-group name="travel-type">
        <label>
          <radio value="zyx" checked/>自由行</label>
        <label>
          <radio value="gt" style="margin-left:20rpx;" />跟团</label>
      </radio-group>
    </view>
    <view class="section section_gap">
      <view class="section__title">想去的地方：</view>
      <checkbox-group name="region">
        <label class="checkbox" wx:for-items="{{regions}}" wx:key="index">
          <checkbox value="{{item.name}}" checked="{{item.checked}}" />{{item.value}}
        </label>
      </checkbox-group>
    </view>
    <view class="section">
      <view class="section__title">预计的出发日期</view>
      <picker mode="date" name="date1" value="{{date}}" start="2015-09-01" end="2017-09-01" bindchange="bindDateChange">
        <view class="picker">
          当前选择: {{date}}
        </view>
      </picker>
    </view>
    <view class="btn-area">
      <button form-type="submit">提交</button>
      <button type="primary" form-type="reset">重置</button>
    </view>
  </form>
</view>
```

4.1.3 修改文件 travel.js

修改文件 travel.js,文件 travel.js 修改后的代码如例 4-3 所示。

【例 4-3】 文件 travel.js 修改后的代码示例。

```
//pages/travel/travel.js
Page({
  data: {
    regions: [{
        name: 'USA',
        value: '美国'
      },
      {
        name: 'CHN',
        value: '中国',
        checked: 'true'
      },
      {
        name: 'ENG',
        value: '英国'
      },
      {
        name: 'TUR',
        value: '法国'
      },
    ],
    date: '2019 - 12 - 1',
  },
  formSubmit: function(e) {
    console.log('form 发生了 submit 事件,新的数据为: ', e.detail.value);
    console.log('提交表单事件');
  },
  formReset: function() {
    console.log('form 发生了 reset 事件')
  },
  //地区选择
  bindPickerChange: function(e) {
    console.log('picker 发送选择改变,新的值为', e.detail.value);
    this.setData({
      index: e.detail.value
    })
  },
  //日期选择
```

```
    bindDateChange: function(e) {
      console.log('日期值发生改变,新的值为', e.detail.value);
      this.setData({
        date: e.detail.value
      })
    }
  })
```

4.1.4 修改文件 travel.wxss

修改文件 travel.wxss,文件 travel.wxss 修改后的代码如例 4-4 所示。

【例 4-4】 文件 travel.wxss 修改后的代码示例。

```
/* pages/travel/travel.wxss */
.content{
  margin: 10rpx;
}
.section{
  margin-bottom: 10rpx;
  border: 1px solid #e9e9e9;
  border-radius: 6rpx;
}
.section_gap{
   padding: 0 30 rpx;
}
.section__title{
  margin-bottom: 10rpx;
  padding-left:10rpx;
  padding-right:10rpx;
  background-color: aqua;
}
.btn-area{
  padding: 0 10 rpx;
}
```

4.1.5 运行程序

编译程序,模拟器中的输出结果如图 4-1 所示。按照图 4-2 所示的方式,填写旅游调查问卷,控制台中的输出结果如图 4-3 所示。在图 4-2 的基础上,单击"提交"按钮,控制台中的输出结果如图 4-4 所示。在图 4-2 的基础上,单击"重置"按钮,模拟器中的输出结果如图 4-5 所示,控制台中的输出结果如图 4-6 所示。

第4章 不使用云服务的小程序开发示例

图 4-1 编译程序后在模拟器中的输出结果

图 4-2 输入旅游调查问卷信息的界面

日期值发生改变，新的值为 2017-09-01

图 4-3 按照图 4-2 输入旅游调查问卷后控制台中的输出结果

form发生了submit事件，新的数据为： ▶{fee: "1000", travel-type: "gt", region: Array(2), date1: "2017-09-01"}
提交表单事件

图 4-4 在图 4-2 的基础上单击"提交"按钮后控制台中的输出结果

图 4-5 在图 4-2 的基础上单击"重置"按钮后模拟器中的输出结果

form发生了reset事件

图 4-6 在图 4-2 的基础上单击"重置"按钮后控制台中的输出结果

4.2 基于微信小程序 API 的开发示例

4.2.1 修改文件 app.json

视频讲解

在 4.1 节项目 demo 的基础上，修改文件 app.json，文件 app.json 修改后的代码如例 4-5 所示。

【例 4-5】 文件 app.json 修改后的代码示例。

```
{
  "pages": [
    "pages/imgprocess/imgprocess",
    "pages/travel/travel",
    "pages/index/index",
    "pages/example/example",
    "pages/logs/logs"
  ],
  "window": {
    "backgroundTextStyle": "light",
    "navigationBarBackgroundColor": "#fff",
    "navigationBarTitleText": "旅游调查问卷",
    "navigationBarTextStyle": "black"
  },
  "sitemapLocation": "sitemap.json"
}
```

修改代码后编译程序，自动在目录 pages 下生成 imgprocess 子目录，且在 pages/imgprocess 目录下自动生成了 imgprocess 页面的 4 个文件（如 imgprocess.wxml 等）。

4.2.2 修改文件 imgprocess.json

在 4.1 节项目 demo 的基础上，修改文件 imgprocess.json，文件 imgprocess.json 修改后的代码如例 4-6 所示。

【例 4-6】 文件 imgprocess.json 修改后的代码示例。

```
{
  "usingComponents": {},
  "navigationBarTitleText": "读取图片"
}
```

4.2.3 修改文件 imgprocess.wxml

修改文件 imgprocess.wxml，文件 imgprocess.wxml 修改后的代码如例 4-7 所示。

【例 4-7】 文件 imgprocess.wxml 修改后的代码示例。

```
<!-- pages/imgprocess/imgprocess.wxml -->
<text>pages/imgprocess/imgprocess.wxml</text>
<button type = "primary" bindtap = "selectpic">选择图片并输出图片相关信息</button>
<image bindtap = "previewpic" src = "{{imageSrc}}"></image>
```

4.2.4 修改文件 imgprocess.js

修改文件 imgprocess.js，文件 imgprocess.js 修改后的代码如例 4-8 所示。

【例 4-8】 文件 imgprocess.js 修改后的代码示例。

```
//pages/imgprocess/imgprocess.js
Page({
  data: {
    imageSrc: '',
    imageList: [],
  },
  selectpic: function() {
    var that = this
    wx.chooseImage({
      count: 2,                                          //默认 9
      sizeType: ['original', 'compressed'],              //指定是原图还是压缩图
      sourceType: ['album', 'camera'],                   //指定来源是相册还是相机
      success: function(res) {
        that.setData({
          imageSrc: res.tempFilePaths[0],
          imageList: res.tempFilePaths
        })
        console.log('成功选择图片\n ')
        //成功选择图片之后就可以获取图片相关信息
        wx.getImageInfo({
          src: res.tempFilePaths[0],
          success: function(res) {
            console.log('图片信息如下:\n ')
            console.log('\n 宽: ' + res.width)
            console.log('\n 高: ' + res.height)
            console.log('\n 路径: ' + res.path)
          },
        })
      },
      fail: function(res) {
        console.log('选择图片失败\n')
      }
    })
  },
  //成功选择图片之后可以预览
  previewpic: function(e) {
    var current = e.target.dataset.src
    wx.previewImage({
      urls: this.data.imageList,
      success: function(res) {
```

```
            console.log('成功预览图片：')
        },
        fail: function(res) {
            console.log('预览图片失败\n')
        }
    })
  }
})
```

4.2.5 运行程序

编译程序，模拟器中的输出结果如图4-7所示。单击图4-7中的"选择图片并输出图片相关信息"按钮，在弹出的对话框中选择图片文件，如图4-8所示。单击图4-8中的"打开"按钮，模拟器和控制台中的输出结果如图4-9所示。单击图4-9中模拟器中的图片所在区域后可预览图片，模拟器和控制台中的输出结果如图4-10所示。

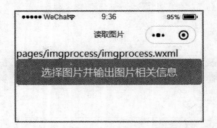

图4-7 编译程序后在模拟器中的输出结果

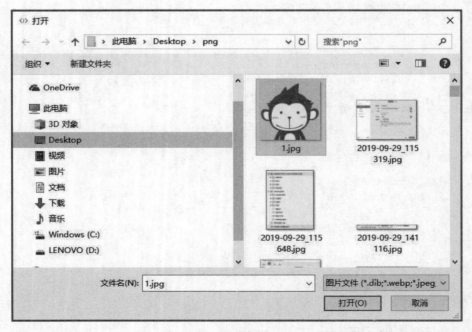

图4-8 单击图4-7中"选择图片并输出图片相关信息"按钮后在弹出的对话框中选择图片文件

图 4-9　单击图 4-8 中"打开"按钮后在模拟器和控制台中的输出结果

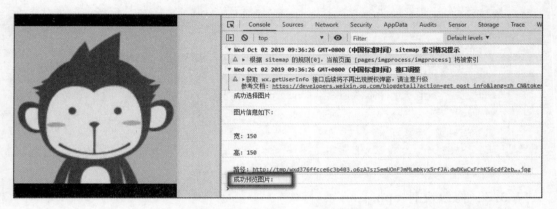

图 4-10　单击图 4-9 中模拟器中的图片所在区域后模拟器和控制台中的输出结果

4.3　基于自定义组件的微信小程序开发示例

4.3.1　创建子组件 mycomponent 并修改文件 mycomponent.wxml

视频讲解

在 4.2 节项目 demo 的基础上,创建子组件 mycomponent,自动在目录 pages 下生成 mycomponent.wxml 和 mycomponent.js 两个文件。

修改文件 mycomponent.wxml,文件 mycomponent.wxml 修改后的代码如例 4-9 所示。

【例 4-9】　文件 mycomponent.wxml 修改后的代码示例。

```
<!-- pages/mycomponent.wxml -->
<view>本行是子组件{{cname}}的内容.</view>
<button type="primary" bindtap="click">将子组件的名字输出到控制台</button>
```

4.3.2 修改文件 mycomponent.js

修改文件 mycomponent.js,文件 mycomponent.js 修改后的代码如例 4-10 所示。

【例 4-10】 文件 mycomponent.js 修改后的代码示例。

```
//pages/mycomponent.js
Component({
  //组件的属性列表
  properties: {
    cname: {
      type: String,
      value: ''
    }
  },
  //组件的初始数据
  data: {},
  //组件的方法列表
  methods: {
    click: function() {
      console.log('子组件的名字是: ' + this.data.cname);
    }
  }
})
```

4.3.3 修改文件 app.json

修改文件 app.json,修改后的代码如例 4-11 所示。

【例 4-11】 文件 app.json 修改后的代码示例。

```
{
  "pages": [
    "pages/callmycom/callmycom",
    "pages/imgprocess/imgprocess",
    "pages/travel/travel",
    "pages/index/index",
    "pages/example/example",
    "pages/logs/logs"
  ],
  "window": {
    "backgroundTextStyle": "light",
    "navigationBarBackgroundColor": "#fff",
    "navigationBarTitleText": "旅游调查问卷",
    "navigationBarTextStyle": "black"
  },
  "sitemapLocation": "sitemap.json"
}
```

修改代码后编译程序,自动在目录 pages 下生成 callmycom 子目录,且在 pages/callmycom 目录下自动生成了 callmycom 页面的 4 个文件(如 callmycom.wxml 等)。

4.3.4 修改文件 callmycom.json

修改文件 callmycom.json,文件 callmycom.json 修改后的代码如例 4-12 所示。

【例 4-12】 文件 callmycom.json 修改后的代码示例。

```
{
  "usingComponents": {
    "childcom": "../mycomponent"
  },
  "navigationBarTitleText": "自定义组件开发"
}
```

4.3.5 修改文件 callmycom.wxml

修改文件 callmycom.wxml,文件 callmycom.wxml 修改后的代码如例 4-13 所示。

【例 4-13】 文件 callmycom.wxml 修改后的代码示例。

```
<!-- pages/callmycom/callmycom.wxml -->
<childcom cname="childcom" />
<view>本行是视图(父组件)的内容。</view>
```

4.3.6 运行程序

编译程序,模拟器中的输出结果如图 4-11 所示。单击图 4-11 中"将子组件的名字输出到控制台"按钮,控制台中的输出结果如图 4-12 所示。

图 4-11　编译程序后在模拟器中的输出结果

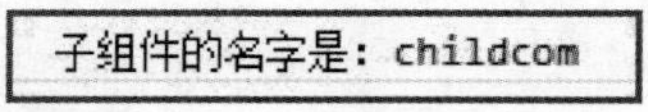

图 4-12　单击图 4-11 中"将子组件的名字输出到控制台"按钮后控制台中的输出结果

习题 4

实验题

1. 实现基于微信小程序组件的开发。
2. 实现基于微信小程序 API 的开发。
3. 实现基于自定义组件的微信小程序开发。

第5章

云开发中小程序端数据库开发

本章先介绍数据类型、权限控制、初始化等概念,再介绍如何在小程序端向集合中插入数据、查询数据、使用查询指令、更新数据、使用更新指令、删除数据,接着介绍在小程序端对集合的其他操作方法、正则表达式的用法、如何处理地理信息 db.Geo、聚合的用法等内容。因此本章的 API 主要指小程序端 API。

5.1 基础概念

5.1.1 数据类型

云开发数据库提供 String(字符串)、Number(数字)、Object(对象)、Array(数组)、Boolean(布尔值)、Date(时间)、Geo(多种地理位置类型)、Null 等几种数据类型。Null 相当于一个占位符,表示一个字段存在但是值为空。在官方文档中,数据类型的首字母有时用小写字母(如 string),有时用大写字母(如 String),本书统一用大写字母,除非为了特别强调才会用到小写字母。

Date 类型用于表示时间,精确到毫秒,在小程序端可用 JavaScript 内置 Date 对象创建。需要特别注意的是,在小程序端创建的时间是客户端时间,不是服务端时间,这意味着在小程序端的时间与服务端时间不一定吻合。

如果需要使用服务端时间,应该用 API 中提供的 serverDate 对象创建一个服务端当前时间的标记,当使用了 serverDate 对象的请求抵达服务端处理时,该字段会被转换成服务端当前的时间,在构造 serverDate 对象时还可通过传入一个有 offset 字段的对象来标记一个与当前服务端时间偏移 offset 毫秒的时间,这样就可以指定一个字段为服务端时间往后 offset 毫秒。

当需要使用客户端时间时,存放 Date 对象和存放毫秒数的效果不是一样的,由于数据库有针对日期类型的优化,使用时用 Date 或 serverDate 构造时间对象效果更好。

要使用地理位置查询功能时,必须建立地理位置索引,建议用于存储地理位置数据的字段均建立地理位置索引。可以在云控制台建立地理位置索引。

云开发数据库提供了多种地理位置数据类型的增加、删除、查询、修改支持,支持的地理位置数据类型包括 Point(点)、LineString(线段)、Polygon(多边形)、MultiPoint(点集合)、MultiLineString(线段集合)和 MultiPolygon(多边形集合)。

5.1.2 权限控制

数据库的权限分为小程序端和管理端,管理端包括云函数端和控制台。小程序端运行在小程序中,读写数据库受权限控制限制,管理端运行在云函数上,拥有所有读写数据库的权限。云控制台的权限同管理端,拥有所有权限。小程序端操作数据库应有严格的安全规则限制。

初期对操作数据库开放 4 种权限配置,每个集合可以拥有一种权限配置,权限配置的规则是作用在集合的每条记录上的。出于易用性和安全性的考虑,云开发为数据库做了小程序深度整合,在小程序中创建的数据库每条记录都会带有该记录创建者(即小程序用户)的信息,以 _openid 字段保存用户的 openid 在每个相应用户创建的记录中。因此,权限控制也相应围绕着一个用户是否应该拥有权限操作其他用户创建的数据展开。

按照对数据库的操作权限级别从宽到紧排列如下:

(1)仅创建者可写,所有人可读:数据只有创建者可写,所有人可读,例如文章。

(2)仅创建者可读写:数据只有创建者可读写,其他用户不可读写,例如用户私密相册。

(3)仅管理端可写,所有人可读:该数据只有管理端可写,所有人可读,例如商品信息。

(4)仅管理端可读写:该数据只有管理端可读写,例如后台用的不能暴露的数据。

简而言之,管理端始终拥有读写所有数据的权限,小程序端始终不能写他人创建的数据。

5.1.3 初始化

在开始使用数据库 API 进行数据的增加、删除、查询、修改操作之前,需要先获取数据库的引用。如果需要获取对其他环境中数据库的引用,则可以在调用 wx.cloud.database()方法时传入一个对象参数,在其中通过 env 字段指定要使用的环境。

操作一个集合,也需要先获取它的引用。在获取了数据库的引用后,就可以通过数据库引用上的 collection()方法获取一个集合的引用。获取集合的引用并不会发起网络请求拉取它的数据,可以通过此引用在该集合上进行数据的增加、删除、查询、修改操作,除此之外,还可以通过集合上的 doc()方法来获取集合中一个指定 ID 的记录的引用。同理,记录的引用可以用于对特定记录进行更新和删除操作。

5.2 在小程序端向集合中插入数据

5.2.1 API 说明

视频讲解

可以通过在集合对象上调用 add() 方法往集合中插入一条记录。add() 方法的参数 options 是必填参数,对象 options 的字段信息如表 5-1 所示,如果传入参数包括 success、fail、complete 3 个字段中的任何一个,则表示使用回调风格,不会返回 Promise。

表 5-1　options 的字段信息

字 段 名	类　　型	必　填	说　　明
data	Object	是	新增记录的定义
success	Function	否	成功回调,回调传入的参数 Result 包含查询的结果
fail	Function	否	失败回调
complete	Function	否	调用结束的回调函数(调用成功、失败都会执行)

如传入的 options 参数没有 success、fail、complete 3 个字段中的任何一个,则返回一个 Promise,否则不返回任何值。Promise 的结果包括 resolve(即新增记录的结果 Result)和 reject(即失败原因)。options 参数 success 回调的结果 Result 和 Promise 中 resolve 的结果 Result 都是一个新增的记录的 ID,该 ID 可以是 String 或 Number 类型。

5.2.2 辅助工作

按照 2.4.2 节的方法,在目录 D:\wxxyx\secondcloud 中创建一个小程序云开发项目 secondcloud。

按照 3.2.1 节的方法,在环境 learnwxbookscode(环境 ID 为 learnwxbookscode-wsd001)中创建一个数据库集合 mpcloudbook。

5.2.3 修改文件 app.json

修改文件 app.json,文件 app.json 修改后的代码如例 5-1 所示。代码的修改方法是在语句""pages/index/index","之前增加语句""pages/insertData/insertData","。后面碰到同类型的修改,不再给出文件 app.json 的完整代码,只说明代码的修改方法。

【例 5-1】 文件 app.json 修改后的代码示例。

```
{
  "pages": [
    "pages/insertData/insertData",
    "pages/index/index",
    "pages/userConsole/userConsole",
    "pages/storageConsole/storageConsole",
    "pages/databaseGuide/databaseGuide",
```

```
      "pages/addFunction/addFunction",
      "pages/deployFunctions/deployFunctions",
      "pages/chooseLib/chooseLib",
      "pages/openapi/openapi",
      "pages/openapi/serverapi/serverapi",
      "pages/openapi/callback/callback",
      "pages/openapi/cloudid/cloudid",
      "pages/im/im",
      "pages/im/room/room"
  ],
  "window": {
    "backgroundColor": "#F6F6F6",
    "backgroundTextStyle": "light",
    "navigationBarBackgroundColor": "#F6F6F6",
    "navigationBarTitleText": "云开发 QuickStart",
    "navigationBarTextStyle": "black"
  },
  "sitemapLocation": "sitemap.json"
}
```

修改代码后编译程序,自动在目录 pages 下生成 insertData 子目录,且在 pages/insertData 目录下自动生成了 insertData 页面的 4 个文件(如 insertData.wxml 等)。

5.2.4 修改文件 insertData.wxml

修改文件 insertData.wxml,文件 insertData.wxml 修改后的代码如例 5-2 所示。

【例 5-2】 文件 insertData.wxml 修改后的代码示例。

```
<!-- pages/insertData/insertData.wxml -->
<text>pages/insertData/insertData.wxml</text>
<button type="primary" bindtap="insertOneRecord">插入一条记录</button>
<button type="primary" bindtap="insertRecordPromise">以 Promise 方式插入一条记录
</button>
```

5.2.5 修改文件 insertData.js

修改文件 insertData.js,文件 insertData.js 修改后的代码如例 5-3 所示。

【例 5-3】 文件 insertData.js 修改后的代码示例。

```
//pages/insertData/insertData.js
Page({
  insertOneRecord: function() {
    //获取默认环境中数据库的引用
    const db = wx.cloud.database()
    //获取集合的引用后增加数据
```

```
    db.collection('mpcloudbook').add({
      //data 字段表示需新增的 JSON 数据
      data: {
        //_id: 'todo-identifiant-aleatoire-3', //数据库自动分配也可自定义
        title: "微信小程序开发基础",
        description: "对微信小程序开发进行入门性、基础介绍.",
        author: "woodstone",
        publishDate: new Date("2018-09-01"),
        topics: [
          "mini program",
          "database",
          "spring boot"
        ],
        //徐州地理位置(117°E,34°N)
        location: new db.Geo.Point(117, 34),
        //是否已经出版
        published: true
      },
      success: function(res) {
        console.log("成功插入一条记录.")
      },
      fail: console.error
    })
  },
  insertRecordPromise: function() {
    const db = wx.cloud.database()
    db.collection('mpcloudbook').add({
        data: {
          title: "Spring Boot 开发实战",
          description: "learn Spring Boot",
          author: "woodstone",
          publishDate: new Date("2018-09-01"),
          topics: [
            "Spring Boot",
            "NoSQL",
            "Thymeleaf",
            "Restful"
          ],
          location: new db.Geo.Point(113, 23),
          published: true
        }
      })
      .then(res => {
        console.log("用 Promise 成功插入一条记录.")
      })
      .catch(console.error)
  }
})
```

5.2.6 运行程序

编译程序，模拟器中的输出结果如图 5-1 所示。依次单击图 5-1 中的"插入一条记录"按钮和"以 Promise 方式插入一条记录"按钮，控制台中的输出结果如图 5-2 所示。与此同时，云数据库集合 mpcloudbook 中增加两条记录，结果如图 5-3 所示。

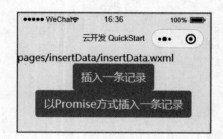

图 5-1 编译程序后在模拟器中的输出结果

图 5-2 依次单击图 5-1 中两个按钮后控制台的输出结果

图 5-3 云开发控制台中数据库集合 mpcloudbook 中增加记录的结果

5.3 在小程序端查询数据

5.3.1 API 说明

视频讲解

在记录和集合上都提供了 get() 方法用于获取单条记录或集合中多条记录的数据。通过调用集合上的 where() 方法可以指定查询条件，再调用 get() 方法即可只返回满足指定查询条件的记录。where()方法接收一个对象参数,该对象中每个字段和它的值构成一个需满足的匹配条件,各个字段间是逻辑"与"的关系,即需要同时满足这些匹配条件。使用数据库 API 提供的 where()方法可以构造复杂的查询条件完成复杂的查询任务。

如果要获取一个集合的数据,例如获取集合上的所有记录,可以在集合上调用 get()方法获取,但通常不建议这么使用,在小程序中要尽量避免一次性获取过量的数据,应只获取必要的数据。为了防止误操作和保护小程序的使用体验,小程序端在获取集合数据时服务器一次默认并且最多返回 20 条记录,云函数端在获取集合数据时服务器一次默认并且最多返回 100 条记录。开发者可以通过 limit()方法指定需要获取的记录数量,但不能超过默认的上限。

5.3.2 辅助工作

在 5.2 节项目 secondcloud 和数据库集合 mpcloudbook 的基础上继续后续的开发。

往集合 mpcloudbook 中插入多条记录,以备查询。

修改文件 app.json,代码的修改方法是在语句""pages/insertData/insertData",";之前增加语句""pages/getData/getData",";。修改代码后编译程序,自动在目录 pages 下生成 getData 子目录,且在 pages/getData 目录下自动生成了 getData 页面的 4 个文件(如 getData.wxml 等)。

5.3.3 修改文件 getData.wxml

修改文件 getData.wxml,文件 getData.wxml 修改后的代码如例 5-4 所示。

【例 5-4】 文件 getData.wxml 修改后的代码示例。

```
<!-- pages/getData/getData.wxml -->
<text>pages/getData/getData.wxml</text>
<button type="primary" bindtap="getAllData">获得所有数据</button>
<button type="primary" bindtap="getAllDataPromise">以 Promise 方式获得所有数据</button>
<button type="primary" bindtap="getOneRecord">获取一条记录</button>
<button type="primary" bindtap="getRecordPromise">以 Promise 方式获取一条记录</button>
<button type="primary" bindtap="getRecords">获取多条记录</button>
<button type="primary" bindtap="getRecordsConditions">多个条件查询</button>
<button type="primary" bindtap="getDataDot">点表示法查询记录</button>
<button type="primary" bindtap="getDataPage">分页取数据</button>
```

5.3.4 修改文件 getData.js

修改文件 getData.js,文件 getData.js 修改后的代码如例 5-5 所示。

【例 5-5】 文件 getData.js 修改后的代码示例。

```js
//pages/getData/getData.js
Page({
  getAllData: function() {
    const db = wx.cloud.database()
    //get 方法会触发网络请求,往数据库取数据
    db.collection('mpcloudbook').get({
      success(res) {
        console.log(res)
      }
    })
  },
  getAllDataPromise: function() {
    const db = wx.cloud.database()
    db.collection('mpcloudbook').get().then(res => {
      //res.data 是一个集合中有权限访问的所有记录的数据,小程序端不超过 20 条
      console.log(res.data)
    })
  },
  getOneRecord: function() {
    const db = wx.cloud.database()
    //获取记录的引用后查询数据
    db.collection('mpcloudbook').doc('Spring Boot').get({
      success: function(res) {
        console.log(res.data)
      }
    })
  },
  getRecordPromise: function() {
    const db = wx.cloud.database()
    db.collection('mpcloudbook').doc('Spring Boot').get().then(res => {
      console.log(res.data)
    })
  },
  //使用 where()方法传入一个对象
  getRecords: function() {
    const db = wx.cloud.database()
    db.collection('mpcloudbook').where({
      _openid: 'oHmb80Bf7vaqwlyQaLTCfOlgOVlI',      //改成开发者自己的_openid
      published: true
    })
    .get({
      success: function(res) {
        console.log(res.data)
      }
    })
  },
```

```
  getRecordsConditions: function() {
    const db = wx.cloud.database()
    db.collection('mpcloudbook').where({
        _openid: 'oHmb80Bf7vaqwlyQaLTCfOlgOVlI',
        type: {
          bookclassnum: 'tn929'
        }
      })
      .get({
        success: function(res) {
          console.log(res.data)
        }
      })
  },
  getDataDot: function() {
    const db = wx.cloud.database()
    db.collection('mpcloudbook').where({
        _openid: 'oHmb80Bf7vaqwlyQaLTCfOlgOVlI',
        'type.bookclassnum': 'tn929'
      })
      .get({
        success: function(res) {
          console.log(res.data)
        }
      })
  },
  getDataPage: function() {
    const db = wx.cloud.database()
    db.collection('mpcloudbook').where({
        _openid: 'oHmb80Bf7vaqwlyQaLTCfOlgOVlI', //填入当前用户 openid
      })
      .skip(5)         //跳过结果集中的第一页(前 5 条)
      .limit(5)        //从第 6 条开始返回,限制返回数量为 5 条(即第二页)
      .get()
      .then(res => {
        console.log(res.data)
      })
      .catch(err => {
        console.error(err)
      })
  }
})
```

5.3.5 运行程序

编译程序,模拟器中的输出结果如图 5-4 所示。从顶部向底部依次单击图 5-4 中的 8 个按钮,控制台中的输出结果如图 5-5 所示。

图 5-4　编译程序后模拟器中的输出结果

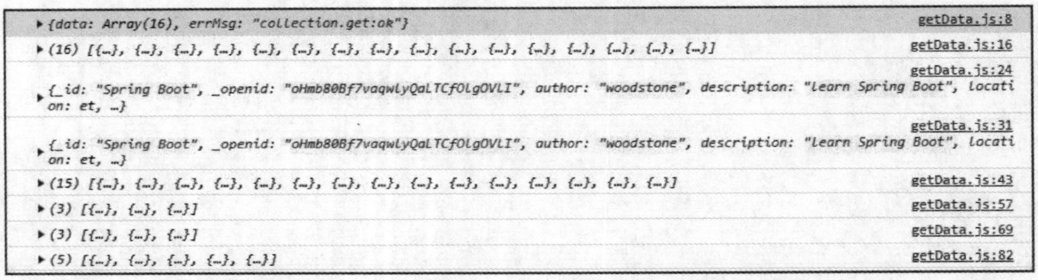

图 5-5　从顶部向底部依次单击图 5-4 中的 8 个按钮后控制台中的输出结果

5.3.6　运行程序后控制台中 JSON 结果数据的检验说明

由于本书中示例的数据内容较多、动态变化，而且一些数据内容（例如，数据库的_id、文件路径等）是自动生成的，再加上本书由于篇幅的原因描述的细节不是面面俱到（例如，除非有必要，否则书中只会说明增加一条记录而不会说明增加记录的具体取值），这样就会让读者在实践本书应用开发示例时输入、生成的数据和本书示例的数据库、存储内容数据不完全一致（数据的不一致不会影响到读者的学习）。于是读者在实践时获得的返回记录数量或返回数据细节（如数据库的_id）有较大的可能性和本书的结果不一致。另外，在控制台中展开返回的 JSON 数据细节会导致结果的截图内容太多且会有较多的重复，以图 5-5 的第 1、2 行为例，就各自成功获得了 16 条 JSON 数据（由于其他辅助信息的存在两者返回结果细节的行数总和超过 32 行，且两者的核心数据相同），这将会使得本书的篇幅大大增加。

为了节约篇幅，并考虑到读者的云开发中数据库、存储内容和书上的数据库、存储内容可能有差异，本书对控制台中 JSON 结果数据的截图中没有给出数据细节。程序成功运行后返回的 JSON 结果数据中包括返回 JSON 数据总数信息，例如图 5-5 中第 1 行结果中的

"Array(16)"和第 2 行结果中的"(16)"。有时由于没有符合条件要求的数据返回,返回 JSON 结果数据为空([]),这时返回结果中包括 ok 这样的返回信息(如图 5-5 所示的第 1 行结果)。请读者在实践书中示例时,注意用是否返回了 JSON 数据总数信息、是否存在 ok 这样的返回信息、是否存在在代码中设置的成功返回信息(三者只要有一个出现即可)来判断程序是否运行成功,而不要以返回的记录数量或数据细节来判断程序是否运行成功。例如,读者在实践本节例子时返回的 JSON 数据总数(如图 5-5 所示的第 1 行结果)为"Array(10)"也说明运行程序成功了,而不一定要求返回如图 5-5 中第 1 行结果中的"Array(16)"。另外,读者还可以结合视频来加深对示例程序运行成功与否的认识。

5.4 在小程序端使用查询指令

5.4.1 API 说明

视频讲解

数据库 API 提供了大于、小于等多种查询指令,这些指令都暴露在 db.command 对象上。API 提供的常用查询指令如表 5-2 所示。

表 5-2 API 提供的常用查询指令

查询指令	说明
eq	字段是否等于指定值
neq	字段是否不等于指定值
lt	字段是否小于指定值
lte	字段是否小于或等于指定值
gt	字段是否大于指定值
gte	字段是否大于或等于指定值
in	字段值是否在指定数组中
nin	字段值是否不在指定数组中
and	条件与,表示需同时满足另一个条件
or	条件或,表示如果满足另一个条件也匹配
nor	表示需所有条件都不满足
not	条件非,表示对给定条件取反
exists	字段存在
mod	字段值是否符合给定取模运算
all	数组所有元素是否满足给定条件
elemMatch	数组是否有一个元素满足所有给定条件
size	数组长度是否等于给定值

5.4.2 辅助工作

在 5.3 节项目 secondcloud 和数据库集合 mpcloudbook 的基础上继续后续的开发。

修改文件 app.json,代码的修改方法是在语句""pages/getData/getData","之前增加语句""pages/dbcommandex/dbcommandex","。修改代码后编译程序,自动在目录 pages 下

生成 dbcommandex 子目录,且在 pages/dbcommandex 目录下自动生成了 dbcommandex 页面的 4 个文件(如 dbcommandex.wxml 等)。

5.4.3 修改文件 dbcommandex.wxml

修改文件 dbcommandex.wxml,文件 dbcommandex.wxml 修改后的代码如例 5-6 所示。

【例 5-6】 文件 dbcommandex.wxml 修改后的代码示例。

```
<!-- pages/dbcommandex/dbcommandex.wxml -->
<text>pages/dbcommandex/dbcommandex.wxml</text>
<button type="primary" bindtap="dbOneComEx">一个条件查询指令</button>
<button type="primary" bindtap="dbAndComsEx">与逻辑查询指令</button>
<button type="primary" bindtap="dbOrComsEx">或逻辑查询指令</button>
<button type="primary" bindtap="dbComHaveEx">字段取值的条件指令</button>
<button type="primary" bindtap="dbComEqualEx">等值条件指令</button>
<button type="primary" bindtap="dbComExistsEx">exists 指令</button>
<button type="primary" bindtap="dbComAllEx">all 指令</button>
```

5.4.4 修改文件 dbcommandex.js

修改文件 dbcommandex.js,文件 dbcommandex.js 修改后的代码如例 5-7 所示。

【例 5-7】 文件 dbcommandex.js 修改后的代码示例。

```
//pages/dbcommandex/dbcommandex.js
Page({
  dbOneComEx: function() {
    const db = wx.cloud.database()
    const _ = db.command
    db.collection('mpcloudbook').where({
        //gt()方法用于指定一个"大于"条件
        price: _.gt(30)      //查询价格高于 30 的书籍
      })
      .get({
        success: function(res) {
          console.log(res.data)
        }
      })
  },
  dbAndComsEx: function() {
    const db = wx.cloud.database()
    const _ = db.command
    db.collection('mpcloudbook').where({
        //and()方法用于指定一个"与"条件,此处表示需同时满足两个条件
        price: _.gt(30).and(_.lt(50))
      })
```

```
      .get({
        success: function(res) {
          console.log(res.data)
        }
      })
    },
    dbOrComsEx: function() {
      const db = wx.cloud.database()
      const _ = db.command
      //or 表示逻辑或运算
      db.collection('mpcloudbook').where(_.or([{
          price: _.lte(49)
        },
        {
          type: {
            bookclassnum: _.in(['tn929', 'tp311'])
          }
        }
      ]))
        .get({
          success: function(res) {
            console.log(res.data)
          }
        })
    },
    dbComHaveEx: function() {
      const db = wx.cloud.database()
      const _ = db.command
      db.collection('mpcloudbook').where({
        price: _.in([49, 49.8])
      })
        .get({
          success: function(res) {
            console.log(res.data)
          },
          fail: console.error
        })
    },
    dbComEqualEx: function() {
      const db = wx.cloud.database()
      const _ = db.command
      db.collection('mpcloudbook').where({
        type: _.eq({
          bookclassnum: 'tn929'
        })
      }).get({
        success: function(res) {
          console.log(res.data)
        },
```

```
      fail: console.error
    })
  },
  dbComExistsEx: function() {
    const db = wx.cloud.database()
    const _ = db.command
    db.collection('mpcloudbook').where({
      published: _.exists(true)
    }).get({
      success: function(res) {
        console.log(res.data)
      },
      fail: console.error
    })
  },
  dbComAllEx: function() {
    const db = wx.cloud.database()
    const _ = db.command
    db.collection('mpcloudbook').where({
      topics: _.all(['NoSQL'])
    }).get({
      success: function(res) {
        console.log(res.data)
      },
      fail: console.error
    })
  }
})
```

5.4.5 运行程序

编译程序，模拟器中的输出结果如图 5-6 所示。从顶部向底部依次单击图 5-6 中的 7 个按钮，控制台中的输出结果如图 5-7 所示。

图 5-6　编译程序后在模拟器中的输出结果

```
▶(6) [{…}, {…}, {…}, {…}, {…}, {…}]
▶[]
▶(8) [{…}, {…}, {…}, {…}, {…}, {…}, {…}, {…}]
▶[]
▶(2) [{…}, {…}]
▶(12) [{…}, {…}, {…}, {…}, {…}, {…}, {…}, {…}, {…}, {…}, {…}, {…}]
▶(6) [{…}, {…}, {…}, {…}, {…}, {…}]
```

图 5-7　从顶部向底部依次单击图 5-6 中 7 个按钮后控制台中的输出结果

5.5　在小程序端更新数据和使用更新指令

视频讲解

5.5.1　API 说明

数据库 API 中更新数据有 update()、set() 两种方法。使用 update() 方法可以局部更新一条记录或一个集合中的记录，局部更新意味着只有指定的字段会得到更新，其他字段不受影响。当需要替换更新一条记录时，可以在记录上使用 set() 方法，替换更新意味着用传入的对象替换指定的记录。

除了用指定值更新字段外，数据库 API 还提供了一系列的更新指令用于执行更复杂的更新操作，更新指令可以通过 db.command 取得（如 db.command.set 指令）。常用更新指令的信息如表 5-3 所示。

表 5-3　常用更新指令的信息

更新指令	说　　明
set	设置字段为指定值
remove	删除字段
inc	原子自增字段值
mul	原子自乘字段值
min	如果字段当前值大于给定值，则设为给定值
max	如果字段当前值小于给定值，则设为给定值
rename	字段重命名
push	如果字段值为数组，则往数组尾部增加指定值
pop	如果字段值为数组，则从数组尾部删除一个元素
shift	如果字段值为数组，则从数组头部删除一个元素
unshift	如果字段值为数组，则往数组头部增加指定值
addToSet	原子操作，如果不存在给定元素则添加元素
pull	剔除数组中所有满足给定条件的元素
pullAll	剔除数组中所有等于给定值的元素

5.5.2　辅助工作

在 5.4 节项目 secondcloud 和数据库集合 mpcloudbook 的基础上继续后续的开发。

修改文件 app.json，代码的修改方法是在语句""pages/dbcommandex/dbcommandex","之前增加语句""pages/updatedata/updatedata","。修改代码后编译程序，自动在目录 pages

中生成 updatedata 子目录，且在 pages/updatedata 目录中自动生成了 updatedata 页面的 4 个文件（如 updatedata.wxml 等）。

5.5.3 修改文件 updatedata.wxml

修改文件 updatedata.wxml，文件 updatedata.wxml 修改后的代码如例 5-8 所示。

【例 5-8】 文件 updatedata.wxml 修改后的代码示例。

```
//pages/updatedata/updatedata.js
Page({
  dbUpdateEx: function() {
    const db = wx.cloud.database()
    db.collection('mpcloudbook').doc('Spring Boot').update({
      //data 传入需要局部更新的数据
      data: {
        price: 95
      },
      success: function(res) {
        console.log('成功更新数据.')
      }
    })
  },
  dbUpdatePromise: function() {
    const db = wx.cloud.database()
    const _ = db.command
    db.collection('mpcloudbook').doc('Spring Boot1').update({
      data: {
        author: "zhangsanfeng"
      }
    })
    .then(console.log("Promise 方式成功更新数据."))
    .catch(console.error)
  },
  updateCommandExample: function() {
    const db = wx.cloud.database()
    const _ = db.command
    db.collection('mpcloudbook').doc('Spring Boot').update({
      data: {
        //表示将字段自增 10
        price: _.inc(10)
      },
      success: function(res) {
        console.log('成功用 update 指令更新数据.')
      },
      fail: console.error
    })
  },
  updateArrayEx: function() {
```

```
    const db = wx.cloud.database()
    const _ = db.command
    db.collection('mpcloudbook').doc('Spring Boot').update({
      data: {
        topics: _.push('MySQL')
      },
      success: function(res) {
        console.log("成功更新数组中数据.")
      }
    })
  },
  updateObjectEx: function() {
    const db = wx.cloud.database()
    const _ = db.command
    db.collection('mpcloudbook').doc('Spring Boot').update({
      data: {
        type: _.set({
          bookclassnum: 'tp313'
        })
      },
      success: function(res) {
        console.log("成功用 set 指令更新对象数据.")
      }
    })
  },
  updateExchangeEx: function() {
    const db = wx.cloud.database()
    const _ = db.command
    db.collection('mpcloudbook').doc('Spring1').set({
      data: {
        description: "change to Spring Boot",
        publishDate: new Date("2018-09-01"),
        topics: [
          "cloud",
          "database"
        ]
      },
      success: function(res) {
        console.log("替换更新成功.")
      }
    })
  },
  updateMinEx: function() {
    const db = wx.cloud.database()
    const _ = db.command
    db.collection('mpcloudbook').doc('Spring Boot').update({
      data: {
        price: _.min(150)
      },
      success: function(res) {
```

```
          console.log("数据更新成功.")
        }
      })
    },
    updateAddToSetEx: function() {
      const db = wx.cloud.database()
      const _ = db.command
      db.collection('mpcloudbook').doc('Spring Boot').update({
        data: {
          topics: _.addToSet({
            each: ['database', 'cloud']
          })
        },
        success: function(res) {
          console.log("补充数据成功.")
        }
      })
    },
})
```

5.5.4 修改文件 updatedata.js

修改文件 updatedata.js，文件 updatedata.js 修改后的代码如例 5-9 所示。

【例 5-9】 文件 updatedata.js 修改后的代码示例。

```
//pages/updatedata/updatedata.js
Page({
  dbUpdateEx: function() {
    const db = wx.cloud.database()
    db.collection('mpcloudbook').doc('Spring Boot').update({
      //data 传入需要局部更新的数据
      data: {
        price: 95
      },
      success: function(res) {
        console.log('成功更新数据.')
      }
    })
  },
  dbUpdatePromise: function() {
    const db = wx.cloud.database()
    const _ = db.command
    db.collection('mpcloudbook').doc('Spring Boot1').update({
      data: {
        author: "zhangsanfeng"
      }
    })
```

```
      .then(console.log("Promise 方式成功更新数据."))
      .catch(console.error)
  },
  updateCommandExample: function() {
    const db = wx.cloud.database()
    const _ = db.command
    db.collection('mpcloudbook').doc('Spring Boot').update({
      data: {
        //表示将字段自增 10
        price: _.inc(10)
      },
      success: function(res) {
        console.log('成功用 update 指令更新数据.')
      },
      fail: console.error
    })
  },
  updateArrayEx: function() {
    const db = wx.cloud.database()
    const _ = db.command
    db.collection('mpcloudbook').doc('Spring Boot').update({
      data: {
        topics: _.push('MySQL')
      },
      success: function(res) {
        console.log("成功更新数组中数据.")
      }
    })
  },
  updateObjectEx: function() {
    const db = wx.cloud.database()
    const _ = db.command
    db.collection('mpcloudbook').doc('Spring Boot').update({
      data: {
        type: _.set({
          bookclassnum: 'tp313'
        })
      },
      success: function(res) {
        console.log("成功用 set 指令更新对象数据.")
      }
    })
  },
  updateExchangeEx: function() {
    const db = wx.cloud.database()
    const _ = db.command
```

```
        db.collection('mpcloudbook').doc('Spring1').set({
          data: {
            description: "change to Spring Boot",
            publishDate: new Date("2018 - 09 - 01"),
            topics: [
              "cloud",
              "database"
            ]
          },
          success: function(res) {
            console.log("替换更新成功.")
          }
        })
      },
      updateMinEx: function() {
        const db = wx.cloud.database()
        const _ = db.command
        db.collection('mpcloudbook').doc('Spring Boot').update({
          data: {
            price: _.min(150)
          },
          success: function(res) {
            console.log("数据更新成功.")
          }
        })
      },
      updateAddToSetEx: function() {
        const db = wx.cloud.database()
        const _ = db.command
        db.collection('mpcloudbook').doc('Spring Boot').update({
          data: {
            topics: _.addToSet({
              each: ['database', 'cloud']
            })
          },
          success: function(res) {
            console.log("补充数据成功.")
          }
        })
      },
    })
```

5.5.5 运行程序

编译程序,模拟器中的输出结果如图 5-8 所示。从顶部向底部依次单击图 5-8 中的 8 个按钮,控制台中的输出结果如图 5-9 所示。

第 5 章 云开发中小程序端数据库开发

图 5-8 编译程序后模拟器中的
输出结果

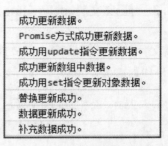

图 5-9 从顶部向底部依次单击图 5-8 中 8 个
按钮后控制台中的输出结果

5.6 在小程序端删除数据

5.6.1 API 说明

视频讲解

对一条记录使用 remove() 方法可以删除该条记录，也可以用更新指令 db.command.remove 删除某个字段。remove() 方法的参数 options 是必填参数，对象 options 信息如表 5-4 所示，如果传入了 success、fail、complete 3 个字段中的任意一个，则表示使用回调风格，不返回 Promise。

表 5-4 对象 options 信息

字 段 名	类 型	必 填	说 明
data	Object	是	新增记录的定义
success	Function	否	回调成功，回调传入的参数 Result 包含查询的结果
fail	Function	否	回调失败
complete	Function	否	调用结束的回调函数（调用成功、失败都会执行）

如果传入的 options 参数没有 success、fail、complete 3 个字段中的任意一个，则返回一个 Promise，否则不返回任何值。Promise 的结果包括 resolve（即新增记录的结果 Result）和 reject（即失败原因）。options 参数中 success 回调的结果 Result 及 Promise 中 resolve 的结果 Result 是一个更新结果的统计的 stats 对象（Object 类型）。stats 对象只有一个 Number 类型的 remove 字段，用来表示成功删除的记录数量，取值只能为 0 或者 1。

5.6.2 辅助工作

在 5.5 节项目 secondcloud 和数据库集合 mpcloudbook 的基础上继续后续的开发。修改文件 app.json，代码的修改方法是在语句""pages/dbcommandex/dbcommandex","之

前增加语句""pages/deleteData/deleteData","。修改代码后编译程序,自动在目录 pages 下生成 deleteData 子目录,且在 pages/deleteData 目录下自动生成了 deleteData 页面的 4 个文件(如 deleteData.wxml 等)。

5.6.3　修改文件 deletedata.wxml

修改文件 deletedata.wxml,文件 deletedata.wxml 修改后的代码如例 5-10 所示。

【例 5-10】　文件 deletedata.wxml 修改后的代码示例。

```
<!-- pages/deleteData/deleteData.wxml -->
<text>pages/deleteData/deleteData.wxml</text>
<button type="primary" bindtap="deleteaField">删除一个字段</button>
<button type="primary" bindtap="deleteOneRecord">删除一条记录</button>
<button type="primary" bindtap="deleteRecordPromise">Promise 方式删除一条记录</button>
```

5.6.4　修改文件 deletedata.js

修改文件 deletedata.js,文件 deletedata.js 修改后的代码如例 5-11 所示。

【例 5-11】　文件 deletedata.js 修改后的代码示例。

```
//pages/deleteData/deleteData.js
Page({
  deleteaField: function() {
    const db = wx.cloud.database()
    const _ = db.command
    db.collection('mpcloudbook').doc('123434515d9461d7090f30527ad3534b').update({
      data: {
        pubilshed: _.remove()
      },
      success: function(res) {
        console.log("成功用 remove 指令删除一个字段.")
      }
    })
  },
  deleteOneRecord: function() {
    const db = wx.cloud.database()
    db.collection('mpcloudbook').doc('123434515d9461d7090f30527ad3534b').remove({
      success: function(res) {
        console.log("成功删除一条记录.")
      },
      fail: console.error
    })
  },
  deleteRecordPromise: function() {
    const db = wx.cloud.database()
```

```
      db.collection('mpcloudbook').doc('1af3506e5d94612a090ef6e01207c567').remove({
        success: function(res) {
          console.log("成功用Promise方式删除一条记录.")
        },
        fail: console.error
      })
    }
  })
```

5.6.5　运行程序

编译程序,模拟器中的输出结果如图5-10所示。从顶部向底部依次单击图5-10中的3个按钮,控制台中的输出结果如图5-11所示。

图5-10　编译程序后模拟器中的输出结果

图5-11　从顶部向底部依次单击图5-10中3个按钮后控制台的输出结果

5.7　在小程序端对集合的其他操作方法

5.7.1　API说明

　　count()方法可以统计集合中记录数或统计查询语句对应的结果记录数。注意,此方法与集合的权限设置有关,一个用户仅能统计其有读权限的集合记录数。
　　orderBy()方法接收一个必填字符串参数fieldName用于定义需要排序的字段,一个字符串参数order定义排序顺序。order只能取asc或desc。如果需要对嵌套字段排序,则需要用"点表示法"连接嵌套字段,如 style.color。同时也支持按多个字段排序,多次调用orderBy()即可,多字段排序时的顺序会按照orderBy()调用顺序先后对多个字段排序。

field()方法接收一个必填对象用于指定要返回的字段,对象的各个 key 表示要返回或不要返回的字段,value 传入 true 或 false(或者 1 或 −1)表示要返回还是不要返回。

watch()方法监听集合中符合查询条件的数据的更新事件。使用 watch()时,只有 where 语句会生效,orderBy、limit 等语句不会生效。其中,snapshot 信息如表 5-5 所示。ChangeEvent 信息如表 5-6 所示。QueueType 信息如表 5-7 所示。DataType 信息如表 5-8 所示。

表 5-5 snapshot 信息

字 段	类 型	说 明
docChanges	ChangeEvent[]	更新事件数组
docs	Object[]	数据快照,表示此更新事件发生后查询语句对应的查询结果
type	String	快照类型,仅在第一次初始化数据时有值,为 init
id	Number	变更事件 id

表 5-6 ChangeEvent 信息

字 段	类 型	说 明
id	Number	更新事件 id
queueType	String	列表更新类型,表示更新事件对监听列表的影响,枚举值,定义见 QueueType
dataType	String	数据更新类型,表示记录的具体更新类型,枚举值,定义见 DataType
docId	String	更新的记录 id
doc	Object	更新的完整记录
updatedFields	Object	所有更新的字段及字段更新后的值,key 为更新的字段路径,value 为字段更新后的值,仅在 update 操作时有此信息
removedFields	String[]	所有被删除的字段,仅在 update 操作时有此信息

表 5-7 QueueType 信息

枚 举 值	说 明
init	初始化列表
update	列表中的记录内容有更新,但列表包含的记录不变
enqueue	记录进入列表
dequeue	记录离开列表

表 5-8 DataType 信息

枚 举 值	说 明
init	初始化数据
update	更新记录,对应 update 操作
replace	替换记录,对应 set 操作
add	新增记录,对应 add 操作
remove	删除记录,对应 remove 操作

5.7.2 辅助工作

在5.6节项目secondcloud和数据库集合mpcloudbook的基础上继续后续的开发。

修改文件app.json,代码的修改方法是在语句""pages/dbcommandex/dbcommandex","之前增加语句""pages/otherCollectionMethods/otherCollectionMethods",""。修改代码后编译程序,自动在目录 pages 下生成 otherCollectionMethods 子目录,且在 pages/otherCollectionMethods 目录下自动生成了 otherCollectionMethods 页面的 4 个文件(如 otherCollectionMethods.wxml 等)。

5.7.3 修改文件 otherCollectionMethods.wxml

修改文件 otherCollectionMethods.wxml,文件 otherCollectionMethods.wxml 修改后的代码如例 5-12 所示。

【例 5-12】 文件 otherCollectionMethods.wxml 修改后的代码示例。

```
<!-- pages/otherCollectionMethods/otherCollectionMethods.wxml -->
<text>pages/otherCollectionMethods/otherCollectionMethods.wxml</text>
<button type="primary" bindtap="countMethod">count 方法</button>
<button type="primary" bindtap="countPromise">Promise 方式 count 方法</button>
<button type="primary" bindtap="orderByPrice">按 Price 排序</button>
<button type="primary" bindtap="orderByMulti">组合排序</button>
<button type="primary" bindtap="fieldMethod">field 方法</button>
<button type="primary" bindtap="watchQueryEx">watch 查询条件</button>
<button type="primary" bindtap="watchDocEx">watch 记录</button>
```

5.7.4 修改文件 otherCollectionMethods.js

修改文件 otherCollectionMethods.js,文件 otherCollectionMethods.js 修改后的代码如例 5-13 所示。

【例 5-13】 文件 otherCollectionMethods.js 修改后的代码示例。

```
//pages/otherCollectionMethods/otherCollectionMethods.js
Page({
  countMethod: function() {
    const db = wx.cloud.database()
    db.collection('mpcloudbook').where({
      _openid: 'oHmb80Bf7vaqwlyQaLTCfOlgOVlI'
    }).count({
      success: function(res) {
        console.log("记录的总数是: " + res.total)
      }
```

```js
    })
  },
  countPromise: function() {
    const db = wx.cloud.database()
    db.collection('mpcloudbook').where({
      _openid: 'oHmb80Bf7vaqwlyQaLTCfOlgOVlI'
    }).count().then(res => {
      console.log(res.total)
    })
  },
  orderByPrice: function() {
    const db = wx.cloud.database()
    db.collection('mpcloudbook').orderBy('price', 'asc')
      .get({
        success: function(res) {
          console.log(res.data)
        }
      })
  },
  orderByMulti: function() {
    const db = wx.cloud.database()
    db.collection('mpcloudbook')
      .orderBy('price', 'desc')
      .orderBy('description', 'asc')
      .get({
        success: function(res) {
          console.log(res.data)
        }
      })
  },
  fieldMethod: function() {
    const db = wx.cloud.database()
    db.collection('mpcloudbook').field({
      description: true,
      id: true,
      price: true,
      //只返回 topics 数组前 2 个元素
      topics: true,
    })
      .get({
        success: function(res) {
          console.log(res.data)
        }
      })
  },
```

```
    watchQueryEx: function() {
      const db = wx.cloud.database()
      const watcher = db.collection('mpcloudbook').where({
        _openid: 'oHmb80Bf7vaqwlyQaLTCfOlgOVlI'
      }).watch({
        onChange: function(snapshot) {
          console.log('snapshot', snapshot)
        },
        onError: function(err) {
          console.error('the watch closed because of error', err)
        }
      })
    },
    watchDocEx: function() {
      const db = wx.cloud.database()
      const watcher = db.collection('mpcloudbook').doc('Spring1').watch({
        onChange: function(snapshot) {
          console.log('snapshot', snapshot)
        },
        onError: function(err) {
          console.error('the watch closed because of error', err)
        }
      })
    }
})
```

5.7.5 运行程序

编译程序,模拟器中的输出结果如图 5-12 所示。从顶部向底部依次单击图 5-12 中的 7 个按钮,控制台中的输出结果如图 5-13 所示。

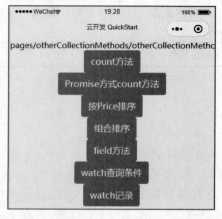

图 5-12 编译程序后模拟器中的输出结果

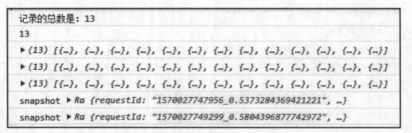

图 5-13　从顶部向底部依次单击图 5-12 中 7 个按钮后控制台中的输出结果

5.8　在小程序端正则表达式的用法

5.8.1　API 说明

视频讲解

　　数据库支持正则表达式查询，开发者可以在查询语句中使用 JavaScript 原生正则对象或使用 db.RegExp() 方法构造正则对象后进行字符串匹配。在查询条件中对一个字段进行正则匹配即要求该字段的值可以被给定的正则表达式匹配。注意，正则表达式不可用于 db.command 内（如 db.command.in）。

　　使用正则表达式匹配可以满足字符串匹配需求，但不适用于长文本、大数据量的文本匹配、搜索，因为这样操作会有性能问题，对此类操作应该使用文本搜索引擎（如 ElasticSearch 等）实现。

　　db.RegExp() 的参数 options 支持 i、m、s 共 3 个 flag，而 JavaScript 原生正则对象构造时仅支持其中的 i、m 两个 flag，因此当需要使用 s 这个 flag 时必须使用 db.RegExp 构造器构造正则对象。flag 的信息如表 5-9 所示。

表 5-9　flag 的信息

flag	说　　明
i	大小写不敏感
m	跨行匹配；让开始匹配符^或结束匹配符$除了匹配字符串的开头和结尾外，还匹配行的开头和结尾
s	让"."可以匹配包括换行符在内的所有字符

5.8.2　辅助工作

　　在 5.6 节项目 secondcloud 和数据库集合 mpcloudbook 的基础上继续后续的开发。

　　修改文件 app.json，代码的修改方法是在语句 " pages/otherCollectionMethods/otherCollectionMethods","之前增加语句" "pages/dbRegExp/dbRegExp","。修改代码后编译程序，自动在目录 pages 下生成 dbRegExp 子目录，且在 pages/dbRegExp 目录下自动生成了 dbRegExp 页面的 4 个文件（如 dbRegExp.wxml 等）。

5.8.3 修改文件 dbRegExp.wxml

修改文件 dbRegExp.wxml,文件 dbRegExp.wxml 修改后的代码如例 5-14 所示。

【例 5-14】 文件 dbRegExp.wxml 修改后的代码示例。

```
<!-- pages/dbRegExp/dbRegExp.wxml -->
<text>pages/dbRegExp/dbRegExp.wxml</text>
<button type="primary" bindtap="nativeJSObject">原生 JavaScript 对象</button>
<button type="primary" bindtap="dbREObject">数据库正则对象</button>
<button type="primary" bindtap="newConstructor">new 构造方法</button>
```

5.8.4 修改文件 dbRegExp.js

修改文件 dbRegExp.js,文件 dbRegExp.js 修改后的代码如例 5-15 所示。

【例 5-15】 文件 dbRegExp.js 修改后的代码示例。

```
//pages/dbRegExp/dbRegExp.js
Page({
  nativeJSObject: function() {
    const db = wx.cloud.database()
    db.collection('mpcloudbook').where({
      description: /miniprogram/i
    }).get({
      success: function(res) {
        console.log(res.data)
      }
    })
  },
  dbREObject: function() {
    const db = wx.cloud.database()
    db.collection('mpcloudbook').where({
      description: db.RegExp({
        regexp: 'spring',
        options: 'i',
      })
    }).get({
      success: function(res) {
        console.log(res.data)
      }
    })
  },
  newConstructor: function() {
    const db = wx.cloud.database()
    db.collection('mpcloudbook').where({
      _id: new db.RegExp({
```

```
          regexp: 'miniprogram',
          options: 'i',
        })
    }).get({
      success: function(res) {
        console.log(res.data)
      }
    })
  }
})
```

5.8.5 运行程序

编译程序,模拟器中的输出结果如图 5-14 所示。从顶部向底部依次单击图 5-14 中的 3 个按钮,控制台中的输出结果如图 5-15 所示。

图 5-14 编译程序后模拟器中的输出结果

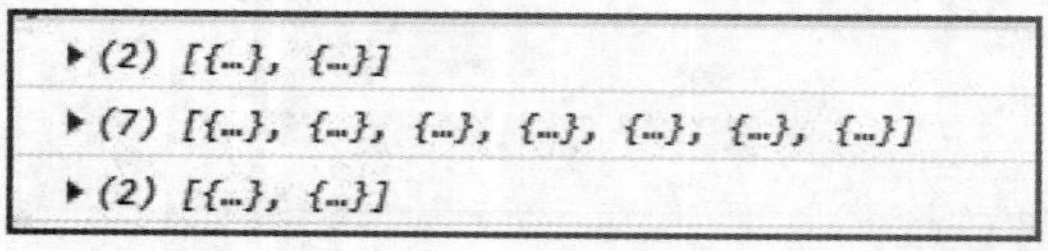

▶ (2) [{…}, {…}]
▶ (7) [{…}, {…}, {…}, {…}, {…}, {…}, {…}]
▶ (2) [{…}, {…}]

图 5-15 从顶部向底部依次单击图 5-14 中 3 个按钮后控制台中的输出结果

5.9 在小程序端处理地理信息 db.Geo

视频讲解

5.9.1 API 说明

db.Geo 对象上含有地理位置构造器。为了使用基于地理位置的查询,必须为相应存放地理位置的地方添加地理位置索引。

在使用地理位置接口时,除了使用下述提供的各种地理位置构造器外,均可使用其等价的 GeoJSON 表示法。通过地理位置构造器构造的各个对象均可调用方法 toJSON()获得其等价的 GeoJSON 纯 JavaScript 对象。在查询结果中如果含有地理位置字段,则均返回地理位置对象而不是 GeoJSON 对象。

db.Geo 拥有 Point()方法、LineString()方法、Polygon()方法、MultiPoint()方法、MultiLineString()方法、MultiPolygon()方法。

db.Geo.Point()方法构造一个点,方法接收两个必填参数:第一个是经度(longitude);第二个是纬度(latitude)。务必注意两个参数的顺序。db.Geo.MultiPoint()方法构造一个点集合,点集合由一个或更多的点组成。

db.Geo.LineString()方法构造一条线段,线段由两个或更多的点有序连接组成。db.Geo.MultiLineString()方法构造一个线段,线段集合由多条线段组成。

db.Geo.Polygon()方法构造一个多边形,多边形由一个或多个线性环(Linear Ring)组成,线性环即一个闭合的线段。一个闭合线段至少由 4 个点组成,其中最后一个点和第一个点的坐标必须相同,以此表示环的起点和终点。如果一个多边形由多个线性环组成,则第一个线性环表示外环(外边界),接下来的所有线性环表示内环(即外环中的洞,不计在此多边形中的区域)。如果一个多边形只有一个线性环组成,则这个环就是外环。多边形构造规则:第一个线性环必须是外环,外环不能自交,所有内环必须完全在外环内,各个内环间不能相交或重叠,也不能有共同的边。db.Geo.MultiPolygon()方法构造一个多边形集合,多边形集合由多个多边形组成。

5.9.2 辅助工作

按照 3.2.1 节的方法,在环境 learnwxbookscode(环境 ID 为 learnwxbookscode-wsd001)中创建一个数据库集合 activities。

在 5.8 节项目 secondcloud 和数据库集合 activities 的基础上继续后续的开发。

修改文件 app.json,代码的修改方法是在语句""pages/dbRegExp/dbRegExp","之前增加语句""pages/dbGeoEx/dbGeoEx","。修改代码后编译程序,自动在目录 pages 下生成 dbGeoEx 子目录,且在 pages/dbGeoEx 目录下自动生成了 dbGeoEx 页面的 4 个文件(如 dbGeoEx.wxml 等)。

5.9.3 修改文件 dbGeoEx.wxml

修改文件 dbGeoEx.wxml,文件 dbGeoEx.wxml 修改后的代码如例 5-16 所示。

【例 5-16】 文件 dbGeoEx.wxml 修改后的代码示例。

```
<!-- pages/dbGeoEx/dbGeoEx.wxml -->
<button type = "primary" bindtap = "pointEx">点</button>
<button type = "primary" bindtap = "pointJSONEx">JSON 表示点</button>
<button type = "primary" bindtap = "lineEx">线段</button>
<button type = "primary" bindtap = "lineJSONEx">JSON 表示线段</button>
<button type = "primary" bindtap = "polygonEx">单环多边形</button>
<button type = "primary" bindtap = "multipolygonEx">多环多边形</button>
<button type = "primary" bindtap = "polygonJSONEx">JSON 表示多边形</button>
<button type = "primary" bindtap = "pointsJSONEx">JSON 表示点的集合</button>
<button type = "primary" bindtap = "linesJSONEx">JSON 表示线段集合</button>
```

```
<button type = "primary" bindtap = "polygonsEx">多边形集合</button>
<button type = "primary" bindtap = "polygonsJSONEx">JSON 表示多边形集合</button>
```

5.9.4 修改文件 dbGeoEx.js

修改文件 dbGeoEx.js，文件 dbGeoEx.js 修改后的代码如例 5-17 所示。

【例 5-17】 文件 dbGeoEx.js 修改后的代码示例。

```
//pages/dbGeoEx/dbGeoEx.js
Page({
  pointEx: function() {
    const db = wx.cloud.database()
    db.collection('activities').add({
      data: {
        description: 'Get up',
        location: db.Geo.Point(113, 23)
      },
      success: function(res) {
        console.log("成功添加记录: " + res._id)
      },
      fail: console.error
    })
  },
  pointJSONEx: function() {
    const db = wx.cloud.database()
    db.collection('activities').add({
      data: {
        description: 'Have breakfast',
        location: {
          type: 'Point',
          coordinates: [113, 23]
        }
      },
      success: function(res) {
        console.log("成功添加记录: " + res._id)
      },
      fail: console.error
    })
  },
  lineEx: function() {
    const db = wx.cloud.database()
    db.collection('activities').add({
      data: {
        description: 'Go to school',
        location: db.Geo.LineString([
          db.Geo.Point(113, 23),
          db.Geo.Point(120, 50),
```

```
        //...可选更多点
      ])
    },
    success: function(res) {
      console.log("成功添加记录: " + res._id)
    },
    fail: console.error
  })
},
lineJSONEx: function() {
  const db = wx.cloud.database()
  db.collection('activities').add({
    data: {
      description: 'Go to class',
      location: {
        type: 'LineString',
        coordinates: [
          [113, 23],
          [120, 50]
        ]
      }
    },
    success: function(res) {
      console.log("成功添加记录: " + res._id)
    },
    fail: console.error
  })
},
polygonEx: function() {
  const db = wx.cloud.database()
  const {
    Polygon,
    LineString,
    Point
  } = db.Geo
  db.collection('activities').add({
    data: {
      description: 'Recess',
      location: Polygon([
        LineString([
          Point(0, 0),
          Point(3, 2),
          Point(2, 3),
          Point(0, 0)
        ])
      ])
    },
    success: function(res) {
      console.log("成功添加记录: " + res._id)
    },
```

```
      fail: console.error
    })
  },
  multipolygonEx: function() {
    const db = wx.cloud.database()
    const {
      Polygon,
      LineString,
      Point
    } = db.Geo
    db.collection('activities').add({
      data: {
        description: 'Have lunch',
        location: Polygon([
          //外环
          LineString([Point(0, 0), Point(30, 20), Point(20, 30), Point(0, 0)]),
          //内环
          LineString([Point(10, 10), Point(16, 14), Point(14, 16), Point(10, 10)])
        ])
      },
      success: function(res) {
        console.log("成功添加记录: " + res._id)
      },
      fail: console.error
    })
  },
  polygonJSONEx: function() {
    const db = wx.cloud.database()
    db.collection('activities').add({
      data: {
        description: 'Go home',
        location: {
          type: 'Polygon',
          coordinates: [
            [
              [0, 0],
              [30, 20],
              [20, 30],
              [0, 0]
            ],
            [
              [10, 10],
              [16, 14],
              [14, 16],
              [10, 10]
            ]
          ]
        }
      },
      success: function(res) {
```

```
      console.log("成功添加记录: " + res._id)
    },
    fail: console.error
  })
},
pointsJSONEx: function() {
  const db = wx.cloud.database()
  db.collection('activities').add({
    data: {
      description: 'Have dinner',
      location: {
        type: 'MultiPoint',
        coordinates: [
          [113, 23],
          [120, 50]
        ]
      }
    },
    success: function(res) {
      console.log("成功添加记录: " + res._id)
    },
    fail: console.error
  })
},
linesJSONEx: function() {
  const db = wx.cloud.database()
  db.collection('activities').add({
    data: {
      description: 'Take exercise',
      location: {
        type: 'MultiLineString',
        coordinates: [
          [
            [0, 0],
            [3, 3]
          ],
          [
            [5, 10],
            [20, 30]
          ]
        ]
      }
    },
    success: function(res) {
      console.log("成功添加记录: " + res._id)
    },
    fail: console.error
  })
},
polygonsEx: function() {
```

```
const db = wx.cloud.database()
const {
  MultiPolygon,
  Polygon,
  LineString,
  Point
} = db.Geo
db.collection('activities').add({
  data: {
    description: 'Do homework',
    location: MultiPolygon([
      Polygon([
        LineString([Point(50, 50), Point(60, 80), Point(80, 60), Point(50, 50)]),
      ]),
      Polygon([
        LineString([Point(0, 0), Point(30, 20), Point(20, 30), Point(0, 0)]),
        LineString([Point(10, 10), Point(16, 14), Point(14, 16), Point(10, 10)])
      ]),
    ])
  },
  success: function(res) {
    console.log("成功添加记录: " + res._id)
  },
  fail: console.error
})
},
polygonsJSONEx: function() {
  const db = wx.cloud.database()
  db.collection('activities').add({
    data: {
      description: 'Go to bed',
      location: {
        type: 'MultiPolygon',
        coordinates: [
          [
            [
              [50, 50],
              [60, 80],
              [80, 60],
              [50, 50]
            ]
          ],
          [
            [
              [0, 0],
              [30, 20],
```

```
                    [20, 30],
                    [0, 0]
                ],
                [
                    [10, 10],
                    [16, 14],
                    [14, 16],
                    [10, 10]
                ]
            ]
        }
    },
    success: function(res) {
      console.log("成功添加记录: " + res._id)
    },
    fail: console.error
  })
}
})
```

5.9.5 运行程序

编译程序,模拟器中的输出结果如图 5-16 所示。从顶部向底部依次单击图 5-16 中的 11 个按钮,控制台中的输出结果如图 5-17 所示。

图 5-16 编译程序后模拟器中的输出结果

```
成功添加记录：1af3506e5d955250097fe4b321fc0d98
成功添加记录：1af3506e5d955252097fe59c6d2575da
成功添加记录：075734515d955253097fb79b13523007
成功添加记录：f885cb355d955255097f90d871ab45fc
成功添加记录：075734515d955256097fb9d2447f0cca
成功添加记录：3397e9015d955258097f1f5c785ae197
成功添加记录：1af3506e5d95525a097feb372da90b06
成功添加记录：075734515d95525c097fbde102207a99
成功添加记录：f885cb355d95525e097f971b4055196d
成功添加记录：075734515d95525f097fbff56380e260
成功添加记录：075734515d955261097fc14d638127f6
```

图 5-17　从顶部向底部依次单击图 5-16 中 11 个按钮后控制台中的输出结果

5.10　在小程序端聚合的用法

5.10.1　聚合说明

视频讲解

聚合是一个流水线式的批处理作业（操作），包含多个批处理阶段。每个阶段接收来自上一个阶段的输入记录列表（如果是第一个阶段则是集合全集），然后将数据分组（或者不分组，不分组时只有一组，每条记录都是一组），对每组数据执行多种批处理操作，处理成新的记录列表后输出给下一个阶段，直至返回结果。

聚合可以应用于：

（1）分组查询，例如，按图书类别获取各类图书的平均销量。

（2）只取某些字段的统计值或变换值返回，例如，当每条图书记录中存放了一个数组字段代表每月销量时想要获取图书的月平均销量。

（3）流水线式分阶段批处理，例如，求各图书类别的总销量最大的作者和最小的作者的操作。

（4）获取唯一值，例如，获取某个类别的图书的所有作者名时需去掉重复值。

一个聚合阶段是将一批输入记录按开发者指定的规则转换为新一批输出记录的过程。一个阶段的输出记录数与其输入记录数无关，既可以保持不变，每个输入记录对应一个输出记录，也可以合并或分组输出更少的一个或多条记录，甚至于输出更多的记录。一个聚合流水线操作的第一个阶段是流水线的开始，接收集合的所有记录作为输入，最后一个阶段是流水线的结束，其结果作为输出返回给调用方。要定义一个阶段，首先确定要使用的阶段，聚合功能提供了包括分组阶段 group、排序阶段 sort、投影阶段 project 等多种可选的阶段。每个阶段又可以通过一个对象作为参数定义这个阶段操作的具体行为表现，其中该参数对象的每个字段的值都必须是一个表达式或聚合操作符，一个操作符可以接收表达式作为输入（常量、字段引用等）。

在聚合中，一个表达式可以是字段（路径）引用、常量、对象表达式或操作符表达式，并且可以嵌套使用表达式。通过字段（路径）引用可以引用一个字段的值，以一个 $ 开头的字符串代表字段（路径）引用，例如 $exam 表示引用 exam 字段，如果是嵌套字段或数组，也可以通过点表示法和数组下标表示法取引用,例如 $exam.math 表示引用 exam 字段对象下的 math 字段,$score[0]表示引用数组字段 score 的第一个元素。表达式还可以是数字、字符串等常量,如果要使用一个以 $ 开头的字符串常量,需要使用 $literal 表示这是一个常量而不是字段引用。对象表达式即一个每个字段的值都是一个表达式的对象。

5.10.2 API 说明

聚合 API 包括所有聚合流水线阶段、聚合操作符、发起和结束调用的接口。

聚合有 aggregate、end 两个基本阶段。aggregate 阶段添加新字段到输出的记录。经过 addFields 聚合阶段,输出的所有记录中除了输入时带有的字段外,还将带有 addFields 指定的字段。end 阶段将输入记录根据给定的条件和边界划分成不同的组,每组即一个 bucket(桶)。

桶是对象存储服务(Object Storage Service,OSS 或简称 OBS)中存储对象的容器。OBS 是一个基于对象的海量存储服务,为客户提供海量、安全、高可靠、低成本的数据存储功能,包括创建、修改、删除桶,上传、下载、删除对象等。对象存储提供了基于桶和对象的扁平化存储方式,桶中的所有对象都处于同一逻辑层级,去掉了文件系统中的多层级树形目录结构。每个桶都有自己的存储类别、访问权限、所属区域等属性,用户可以在不同区域创建不同存储类别和访问权限的桶,并配置更多高级属性来满足不同场景的存储需求。

OBS 系统和单个桶都没有总数据容量和对象/文件数量的限制,为用户提供了超大存储容量的功能,适合存放任意类型的文件,适合普通用户、网站、企业和开发者使用。由于 OBS 是基于 REST 风格 HTTP 和 HTTPS 的服务,可以通过 URL(Uniform Resource Locator,统一资源定位符)定位资源。OBS 提供了基于 HTTP/HTTPS 的 Web 服务接口,用户可以随时随地访问可连接到 Internet 的计算机,通过 OBS 管理控制台或客户端访问和管理存储在 OBS 中的数据。此外,OBS 支持 SDK(Software Development Kit,软件开发工具包)和 API,可使用户方便地管理自己存储在 OBS 上的数据,以及开发多种类型的上层业务应用。OBS 可供用户存储任意类型和大小的数据,适合企业备份/归档、视频点播、视频监控等多种数据存储场景。OBS 还提供图片处理特性,为用户提供稳定、安全、高效、易用、低成本的图片处理服务,包括图片剪切、图片缩放、图片水印、格式转换等。

聚合流水线阶段信息如表 5-10 所示。

表 5-10 聚合流水线阶段信息

阶 段	描 述
addFields	添加新字段到输出的记录。经过 addFields 聚合阶段,输出的所有记录中除了输入时带有的字段外,还将带有 addFields 指定的字段
bucket	将输入记录根据给定的条件和边界划分成不同的组,每组即一个 bucket
bucketAuto	将输入记录根据给定的条件划分成不同的组,每组即一个 bucket 与 bucket 的其中一个不同之处在于无须指定 boundaries,bucketAuto 会自动尝试将记录尽可能平均地分散到每组中
count	计算输入记录数,输出一条记录,其中指定字段的值为记录数
geoNear	将记录按照离给定点从近到远输出

续表

阶 段	描 述
group	将输入记录按给定表达式分组,输出时每条记录代表一个分组,每条记录的 _id 是区分不同组的 key。输出记录中也可以包括累计值,将输出字段设为累计值即会从该分组中计算累计值
limit	限制输出到下一阶段的记录数
match	根据条件过滤文档,并且把符合条件的文档传递给下一个流水线阶段
project	把指定的字段传递给下一个流水线,指定的字段可以是某个已经存在的字段,也可以是计算出来的新字段
replaceRoot	指定一个已有字段作为输出的根节点,也可以指定一个计算出的新字段作为根节点
sample	随机从文档中选取指定数量的记录
skip	指定一个正整数,跳过对应数量的文档,输出剩下的文档
sort	根据指定的字段,对输入的文档进行排序
sortByCount	根据传入的表达式,将传入的集合进行分组。然后计算不同组的数量,并且将这些组按照它们的数量进行排序,返回排序后的结果
unwind	使用指定的数组字段中的每个元素,对文档进行拆分。拆分后,文档会从一个变为一个或多个,分别对应数组的每个元素

因为每个聚合操作是要输入整个集合的数据的,因此为了优化执行效率聚合有以下基本使用原则。

(1) match 和 sort 如果是在流水线的开头则可以利用索引。geoNear 也可以利用地理位置索引,但要注意的是,geoNear 必须是流水线的第一个阶段。match 参数的语法与普通查询语法相同。除了 match 阶段,在各个聚合阶段中传入的对象可使用的操作符都是聚合操作符,需要特别注意的是,match 进行的是查询匹配,因此语法同普通查询(where)的语法,用的是普通查询操作符。

(2) 只要需要的不是集合的全集,那就应该尽早地通过 match、limit 和 skip 缩小要处理的记录数量。

聚合操作符信息如表 5-11 所示。

表 5-11 聚合操作符信息

操 作 符	描 述
abs	返回一个数字的绝对值
add	将数字相加或将数字加在日期上。如果数组中的其中一个值是日期,那么其他值将被视为毫秒数加在该日期上
addToSet	向数组中添加值,如果数组中已存在该值,不执行任何操作。它只能在分组阶段中使用
allElementsTrue	输入一个数组,或者数组字段的表达式。如果数组中所有元素均为真值,那么返回 true,否则返回 false。空数组永远返回 true
and	给定多个表达式,and 仅在所有表达式都返回 true 时返回 true,否则返回 false
anyElementTrue	输入一个数组,或者数组字段的表达式。如果数组中任意一个元素为真值,那么返回 true,否则返回 false。空数组永远返回 false
arrayElemAt	返回在指定数组下标的元素
arrayToObject	将一个数组转换为对象

续表

操 作 符	描 述
avg	返回一组集合中,指定字段对应数据的平均值
ceil	向上取整,返回大于或等于给定数字的最小整数
cmp	给定两个值,返回其比较值
concat	连接字符串,返回拼接后的字符串
concatArrays	将多个数组拼接成一个数组
cond	计算布尔表达式,返回指定的两个值中的一个
dateFromParts	给定日期的相关信息,构建并返回一个日期对象
dateFromString	将一个日期/时间字符串转换为日期对象
dateToString	根据指定的表达式将日期对象格式化为符合要求的字符串
dayOfMonth	返回日期字段对应的天数(一个月中哪一天),是一个1~31的数字
dayOfWeek	返回日期字段对应的天数(一周中第几天),是一个1(周日)~7(周六)的整数
dayOfYear	返回日期字段对应的天数(一年中第几天),是一个1~366的整数
divide	传入被除数和除数,求商
eq	匹配两个值,如果相等则返回true,否则返回false
exp	取e(自然对数的底数,欧拉数)的n次方
filter	根据给定条件返回满足条件的数组的子集
first	返回指定字段在一组集合的第一条记录对应的值。仅当这组集合是按照某种定义排序后,此操作才有意义
floor	向下取整,返回大于或等于给定数字的最小整数
gt	匹配两个值,如果前者大于后者则返回true,否则返回false
gte	匹配两个值,如果前者大于或等于后者则返回true,否则返回false
hour	返回日期字段对应的小时数,是一个0~23的整数
ifNull	计算给定的表达式,如果表达式结果为null、undefined或者不存在,那么返回一个替代值;否则返回原值
in	给定一个值和一个数组,如果值在数组中则返回true,否则返回false
indexOfArray	在数组中找出等于给定值的第一个元素的下标,如果找不到则返回-1
indexOfBytes	在目标字符串中查找子字符串,并返回第一次出现的UTF-8的字节索引(从0开始)。如果不存在子字符串,则返回-1
indexOfCP	在目标字符串中查找子字符串,并返回第一次出现的UTF-8的codepoint索引(从0开始)。如果不存在子字符串,则返回-1
isArray	判断给定表达式是否是数组,返回布尔值
isoDayOfWeek	返回日期字段对应的ISO 8601标准的天数(一周中第几天),是一个1(周一)~7(周日)的整数
isoWeek	返回日期字段对应的ISO 8601标准的周数(一年中第几周),是一个1~53的整数
isoWeekYear	返回日期字段对应的ISO 8601标准的天数(一年中的第几天)
last	返回指定字段在一组集合的最后一条记录对应的值。仅当这组集合是按照某种定义排序后,此操作才有意义
let	自定义变量,并且在指定表达式中使用,返回的结果是表达式的结果
literal	直接返回一个值的字面量,不经过任何解析和处理
ln	计算给定数字在自然对数值
log	计算给定数字在给定对数底下的log值

续表

操作符	描述
log10	计算给定数字在对数底为 10 下的 log 值
lt	匹配两个值,如果前者小于后者则返回 true,否则返回 false
lte	匹配两个值,如果前者小于或等于后者则返回 true,否则返回 false
map	类似于 JavaScript 中数组类型上的 map 方法,将给定数组的每个元素按给定转换方法转换后得出新的数组
max	返回一组数值的最大值
mergeObjects	将多个文档合并为单个文档
millisecond	返回日期字段对应的毫秒数,是一个 0~999 的整数
min	返回一组数值的最小值
minute	返回日期字段对应的分钟数,是一个 0~59 的整数
mod	取模运算,取数字取模后的值
month	返回日期字段对应的月份,是一个 1~12 的整数
multiply	取传入的数字参数相乘的结果
neq	匹配两个值,如果不相等则返回 true,否则返回 false
not	给定一个表达式,如果表达式返回 true,则 not 返回 false,否则返回 true
objectToArray	将一个对象转换为数组。方法把对象的每个键值对都变成输出数组的一个元素,元素形如{k:<key>, v:<value>}
or	给定多个表达式,如果任意一个表达式返回 true,则 or 返回 true,否则返回 false
pow	求给定基数的指数次幂
push	在 group 阶段,返回一组中表达式指定列与对应的值一起组成的数组
range	返回一组生成的序列数字。给定开始值、结束值、非零的步长,range 会返回从开始值开始逐步增长、步长为给定步长但不包括结束值的序列
reduce	类似于 JavaScript 中 reduce 方法,将一个表达式应用于数组中各个元素然后归一成一个元素
reverseArray	返回给定数组的倒序形式
second	返回日期字段对应的秒数,是一个 0~59 的整数,在特殊情况下(闰秒)可能等于 60
setDifference	输入两个集合,输出只存在于第一个集合中的元素
setEquals	输入两个集合,判断两个集合中包含的元素是否相同(不考虑顺序、去重)
setIntersection	输入两个集合,输出两个集合的交集
setIsSubset	输入两个集合,判断第一个集合是否是第二个集合的子集
setUnion	输入两个集合,输出两个集合的并集
size	返回数组长度
slice	类似于 JavaScript 中 slice() 方法,返回给定数组的指定子集
split	按照分隔符分隔数组,并且删除分隔符,返回子字符串组成的数组。如果字符串无法找到分隔符进行分隔,则返回原字符串作为数组的唯一元素
sqrt	求平方根
stdDevPop	返回一组字段对应值的标准差
stdDevSamp	计算输入值的样本标准偏差。如果输入值代表数据总体或者不概括更多的数据,则改用 db.command.aggregate.stdDevPop
strLenBytes	计算并返回指定字符串中 UTF-8 编码的字节数量
strLenCP	计算并返回指定字符串的 UTF-8 代码点数量

续表

操 作 符	描 述
strcasecmp	对两个字符串在不区分大小写的情况下进行大小比较，并返回比较的结果
substr	返回字符串从指定位置开始的指定长度的子字符串。它是 db.command.aggregate.substrBytes 的别名，推荐使用后者
substrBytes	返回字符串从指定位置开始的指定长度的子字符串。子字符串是由字符串中指定的 UTF-8 字节索引的字符开始，长度为指定的字节数
substrCP	返回字符串从指定位置开始的指定长度的子字符串。子字符串是由字符串中指定的 UTF-8 字节索引的字符开始，长度为代码点数
subtract	将两个数字相减然后返回差值，或将两个日期相减然后返回相差的毫秒数，或将一个日期减去一个数字返回结果的日期
sum	计算并且返回一组字段所有数值的总和
switch	根据给定的 switch-case-default 计算返回值
toLower	将字符串转换为小写并返回
toUpper	将字符串转换为大写并返回
trunc	将数字截断为整型
week	返回日期字段对应的周数(一年中的第几周)，是一个 1~53 的整数
year	返回日期字段对应的年份
zip	把二维数组的第二维数组中的相同序号的元素分别拼接成一个新的数组进而组成一个新的二维数组。如可将[[1,2,3],["a","b","c"]]转换成[[1,"a"],[2,"b"],[3,"c"]]

5.10.3 辅助工作

按照 3.2.1 节的方法，在环境 learnwxbookscode(环境 ID 为 learnwxbookscode-wsd001)中创建一个数据库集合 aggdb。

在 5.8 节项目 secondcloud 和数据库集合 aggdb 的基础上继续后续的开发。

修改文件 app.json，代码的修改方法是在语句""pages/dbGeoEx/dbGeoEx","之前增加语句""pages/dbAggEx/dbAggEx","。修改代码后编译程序，自动在目录 pages 下生成 dbAggEx 子目录，且在 pages/dbAggEx 目录下自动生成了 dbAggEx 页面的 4 个文件(如 dbAggEx.wxml 等)。

5.10.4 修改文件 dbAggEx.wxml

修改文件 dbAggEx.wxml，文件 dbAggEx.wxml 修改后的代码如例 5-18 所示。

【例 5-18】 文件 dbAggEx.wxml 修改后的代码示例。

```
<!-- pages/dbAggEx/dbAggEx.wxml -->
<text> pages/dbAggEx/dbAggEx.wxml </text>
<button type = "primary" bindtap = "simpleex">简单运算的结果</button>
<button type = "primary" bindtap = "arrayex">数组运算的结果</button>
<button type = "primary" bindtap = "stringex">字符串运算的结果</button>
```

```
<button type = "primary" bindtap = "objectex">对象运算的结果</button>
<button type = "primary" bindtap = "addFieldsex"> addFields 阶段</button>
<button type = "primary" bindtap = "replaceRootex"> replaceRoot 阶段</button>
<button type = "primary" bindtap = "sampleex"> sample 阶段</button>
```

5.10.5 修改文件 dbAggEx.js

修改文件 dbAggEx.js,文件 dbAggEx.js 修改后的代码如例 5-19 所示。

【例 5-19】 文件 dbAggEx.js 修改后的代码示例。

```
//pages/dbAggEx/dbAggEx.js
Page({
  simpleex: function() {
    const db = wx.cloud.database()
    const $ = db.command.aggregate
    db.collection('aggdb').aggregate()
      .project({
        absresult: $.abs($.subtract(['$begin', '$end'])),
        total: $.add(['$begin', '$end']),
        average: $.avg('$price'),
        salesprice: $.ceil('$price'),
        compare: $.cmp(['$begin', '$end']),
        discount: $.cond({
          if: $.gte(['$price', 50]),
          then: 0.7,
          else: 0.9
        }),
        constructdate: $.dateFromParts({
          year: 2017,
          month: 2,
          day: 8,
          hour: 12,
          timezone: 'America/New_York'
        }),
        transferdate: $.dateFromString({
          dateString: "2019-05-14T09:38:51.686Z"
        }),
        km: $.divide(['$begin', 1000]),
        expdelta: $.exp('$delta'),
        orderprice: $.floor('$price'),
        expensive: $.gte(['$price', 50]),
        sqrtresult: $.sqrt([$.add([$.pow(['$begin', 2]), $.pow(['$end', 2])])]),
        points: $.range([0, '$end', 200]),
        fullfilled: $.or([$.lt(['$delta', 5]), $.gt(['$begin', 60])]),
        isAllTrue: $.allElementsTrue(['$tags']),
        dayOfMonth: $.dayOfMonth('$date'),
        dayOfWeek: $.dayOfWeek('$date'),
```

```javascript
      dayOfYear: $.dayOfYear('$date'),
      description: $.ifNull(['$description', '描述空缺']),
      index: $.indexOfArray(['$tags', 2, 2])
    }).end().then(console.log)
},
arrayex: function() {
  const db = wx.cloud.database()
  const $ = db.command.aggregate
  db.collection('aggdb').aggregate()
    .group({
      _id: 'aggdbcategory',
      newcategories: $.addToSet('$category'),
      tagsList: $.addToSet('$tags'),
    })
    .end().then(console.log)
},
stringex: function() {
  const db = wx.cloud.database()
  const $ = db.command.aggregate
  db.collection('aggdb').aggregate()
    .project({
      _id: 'string ex result',
      itskills: $.concat(['$description', '', '$category']),
      comercelist: $.concatArrays(['$commerces', '$tags']),
      aStrIndex: $.indexOfBytes(['$description', 'a']),
      foobar: $.mergeObjects(['$foo', '$bar']),
      result: $.toLower('$description')
    })
    .end().then(console.log)
},
objectex: function() {
  const db = wx.cloud.database()
  const $ = db.command.aggregate
  db.collection('aggdb').aggregate()
    .project({
      foobar: $.mergeObjects(['$foo', '$bar']),
      arrayfoo: $.objectToArray('$foo')
    })
    .end().then(console.log)
},
addFieldsex: function() {
  const db = wx.cloud.database()
  const $ = db.command.aggregate
  db.collection('aggdb').aggregate()
    .addFields({
      totalres: $.add(['$begin', '$delta', '$end'])
    })
    .end().then(console.log)
},
replaceRootex: function() {
```

```
      const db = wx.cloud.database()
      const $ = db.command.aggregate
      db.collection('aggdb').aggregate()
        .replaceRoot({
          newRoot: '$foo'
        })
        .end().then(console.log)
    },
    sampleex: function() {
      const db = wx.cloud.database()
      const $ = db.command.aggregate
      db.collection('aggdb').aggregate()
        .sample({
          size: 1
        })
        .end().then(console.log)
    }
  })
```

5.10.6 运行程序

编译程序,模拟器中的输出结果如图 5-18 所示。从顶部向底部依次单击图 5-18 中的 7 个按钮,控制台中的输出结果如图 5-19 所示。

图 5-18 编译程序后模拟器中的输出结果

```
▶ {list: Array(2), errMsg: "collection.aggregate:ok"}
▶ {list: Array(1), errMsg: "collection.aggregate:ok"}
▶ {list: Array(2), errMsg: "collection.aggregate:ok"}
▶ {list: Array(2), errMsg: "collection.aggregate:ok"}
▶ {list: Array(2), errMsg: "collection.aggregate:ok"}
▶ {list: Array(2), errMsg: "collection.aggregate:ok"}
▶ {list: Array(1), errMsg: "collection.aggregate:ok"}
```

图 5-19 从顶部向底部依次单击图 5-18 中 7 个按钮后控制台中的输出结果

习题 5

简答题

1. 简述对数据库数据类型的理解。
2. 简述对数据库权限控制的理解。
3. 简述对数据库初始化的理解。

实验题

1. 实现在小程序端往集合中插入数据。
2. 实现在小程序端查询数据。
3. 实现小程序端查询指令的应用。
4. 实现在小程序端更新数据。
5. 实现小程序端更新指令的应用。
6. 实现在小程序端删除数据。
7. 实现小程序端对集合其他操作方法的应用。
8. 实现在小程序端正则表达式的应用。
9. 实现在小程序端处理地理信息 db.Geo 的应用。
10. 实现小程序端聚合的应用。

第6章

云开发中小程序端存储开发

本章先简要介绍云开发中存储功能和文件命名规则,再介绍在小程序端上传文件、下载文件、删除文件、换取临时链接、使用组件、API 调用云函数的应用开发等内容。因此本章的 API 主要是小程序端 API。

6.1 基础知识

6.1.1 存储功能简介

云存储能够提供高可用、高稳定、强安全的云端存储服务,支持任意数量和不同形式的非结构化数据存储,如视频和图片,并在控制台进行可视化管理。存储包含以下功能。

(1) 存储管理:支持文件夹,方便文件归类。支持文件的上传、删除、移动、下载、搜索等功能,并可以查看文件的详细信息。

(2) 权限设置:可以灵活设置用户是否可以读、写文件夹中的文件,以保证业务的数据安全。

(3) 上传管理:可以查看文件上传历史、进度及状态。

(4) 文件搜索:支持文件前缀名称及子目录文件的搜索。

(5) 组件支持:支持在 image、audio 等组件中传入云文件 ID。

6.1.2 文件名命名规则

为文件命名时要注意以下规则。

(1) 文件名不能为空。

(2) 文件名不能以"/"开头,不能出现连续"/"。

(3) 文件名最大长度为 850 字节。

(4) 推荐使用大小写英文字母、数字,即 a~z,A~Z,0~9 和符号 -、!、_、.、* 及其组合。

(5) 不支持 ASCII 码控制字符中的字符上(↑)、字符下(↓)、字符右(→)、字符左(←),这些控制字符分别对应键盘上 CAN(24)、EM(25)、SUB(26)、ESC(27)等键。

(6) 如果用户上传的文件或文件夹的名字带有中文,在访问和请求这个文件或文件夹时,中文部分将按照 URL Encode 规则转换为百分号编码。

(7) 不建议使用的特殊字符包括 `、^、"、\、{、}、[、]、~、%、♯、\、>、<及十进制数 128~255 所对应的 ASCII 码字符。

(8) 可能需要特殊处理后再使用的特殊字符包括,、:、;、=、&、、$、@、+、?、空格及十六进制 00~1F(即十进制 0~31)以及 7F(即十进制 127)的 ASCII 字符。

6.2 在小程序端上传文件

6.2.1 API 说明

视频讲解

在小程序端可调用 wx.cloud.uploadFile()方法进行上传。当将本地资源上传至云存储空间时,如果上传到的路径已有内容则新上传的内容会覆盖掉原有内容。它的请求参数信息如表 6-1 所示。config 对象(Object)包含一个属性,该属性用来指定环境 env 的环境 ID,属性取值类型为 String 类型。success 返回参数信息如表 6-2 所示。fail 返回参数信息如表 6-3 所示。如果请求参数中带有 success、fail、complete 3 个回调(字段)中的任意一个,则会返回一个 UploadTask 对象,通过 UploadTask 对象可监听上传进度变化事件,以及取消上传任务。上传成功后会获得文件唯一标识符,即文件 ID,后续操作都基于文件 ID 而不是 URL。

表 6-1 wx.cloud.uploadFile()请求参数信息

字 段	说 明	数据类型	必 填
cloudPath	云存储路径,命名限制见文件名命名限制	String	是
filePath	要上传文件资源的路径	String	是
header	HTTP 请求 header,header 中不能设置 Referer	Object	否
config	配置	Object	否
success	回调成功	Function	否
fail	回调失败	Function	否
complete	回调结束	Function	否

表 6-2 success 返回参数信息

字 段	说 明	数据类型
fileID	文件 ID	String
statusCode	服务器返回的 HTTP 状态码	Number
errMsg	错误信息,格式为 uploadFile:ok	String

表 6-3　fail 返回参数信息

字　段	说　　明	数 据 类 型
errCode	错误码	Number
errMsg	错误信息，格式为 uploadFile:fail msg	String

6.2.2　辅助工作

按照 3.3.2 节的方法，在环境 learnwxbookscode（环境 ID 为 learnwxbookscode-wsd001）的默认目录 6c65-learnwxbookscode-wsd001-1253682497 下创建文件夹 testcloudstorage。

在 5.10 节项目 secondcloud 的基础上继续后续的开发。

修改文件 app.json，代码的修改方法是在语句""pages/dbAggEx/dbAggEx","之前增加语句""pages/uploadFileEx/uploadFileEx","。修改代码后编译程序，自动在目录 pages 下生成 uploadFileEx 子目录，且在 pages/uploadFileEx 目录下自动生成了 uploadFileEx 页面的 4 个文件（如 uploadFileEx.wxml 等）。

6.2.3　修改文件 uploadFileEx.wxml

修改文件 uploadFileEx.wxml，文件 uploadFileEx.wxml 修改后的代码如例 6-1 所示。

【例 6-1】　文件 uploadFileEx.wxml 修改后的代码示例。

```
<!-- pages/uploadFileEx/uploadFileEx.wxml -->
<text>pages/uploadFileEx/uploadFileEx.wxml</text>
<button type="primary" bindtap="uploadfileex">上传文件</button>
<button type="primary" bindtap="uploadfilepromise">用 Promise 方式上传文件</button>
```

6.2.4　修改文件 uploadFileEx.js

修改文件 uploadFileEx.js，文件 uploadFileEx.js 修改后的代码如例 6-2 所示。

【例 6-2】　文件 uploadFileEx.js 修改后的代码示例。

```
//pages/uploadFileEx/uploadFileEx.js
Page({
  uploadfileex: function() {
    wx.cloud.uploadFile({
      cloudPath: 'testcloudstorage/2.jpg', //上传至云端的路径
      filePath: 'http://tmp/wxd376ffcce6c3b403.o6zAJszSemUOnFJmMLmbkyx5rfJA.KPZABenBnlB67c1c67efb37f06f9a6ae818984a582b1.jpeg',     //先下载获得文件路径
      success: res => {
        //返回文件 ID
        console.log(res.fileID)
      },
      fail: console.error
```

```
    })
  },
  uploadfilepromise: function() {
    wx.cloud.uploadFile({
      cloudPath: 'testcloudstorage/3.jpg',
      filePath: 'http://tmp/wxd376ffcce6c3b403.o6zAJszSemUOnFJmMLmbkyx5rfJA.
KPZABenBnlB67c1c67efb37f06f9a6ae818984a582b1.jpeg', //文件路径
    }).then(res => {
      console.log(res.fileID)
    }).catch(error => {
      //handle error
    })
  },
})
```

6.2.5 运行程序

编译程序，模拟器中的输出结果如图 6-1 所示。从顶部向底部依次单击图 6-1 中的 2 个按钮，控制台中的输出结果如图 6-2 所示。

图 6-1 编译程序后模拟器中的输出结果

```
cloud://learnwxbookscode-wsd001.6c65-learnwxbookscode-wsd001-1253682497/testcloudstorage/2.jpg
cloud://learnwxbookscode-wsd001.6c65-learnwxbookscode-wsd001-1253682497/testcloudstorage/3.jpg
```

图 6-2 从顶部向底部依次单击图 6-1 中 2 个按钮后控制台中的输出结果

6.3 在小程序端下载文件

6.3.1 API 说明

视频讲解

可以根据文件 ID 下载文件，用户只能下载其有访问权限的文件。在小程序端可调用 wx.cloud.downloadFile() 从云存储空间下载文件。它的请求参数信息如表 6-4 所示。config 对象（Object）包含一个属性，该属性用来指定环境 env 的环境 ID，属性取值类型为 String 类型。success 返回参数信息如表 6-5 所示。fail 返回参数信息如表 6-6 所示。如果请求参数中带有 success、fail、complete 3 个回调（字段）中的任意一个，则会返回一个 downloadTask 对象，通过 downloadTask 对象可监听下载进度变化事件，以及取消下载任务。

表 6-4 wx.cloud.downloadFile()请求参数信息

字段	说明	数据类型	必填
fileID	云文件 ID	String	是
config	配置	Object	否
success	回调成功	Function	否
fail	回调失败	Function	否
complete	回调结束	Function	否

表 6-5 success 返回参数信息

字段	说明	数据类型
tempFilePath	临时文件路径	String
statusCode	服务器返回的 HTTP 状态码	Number
errMsg	错误信息,格式为 downloadFile:ok	String

表 6-6 fail 返回参数信息

字段	说明	数据类型
errCode	错误码	Number
errMsg	错误信息,格式为 downloadFile:fail msg	String

6.3.2 辅助工作

在 6.2 节项目 secondcloud 和文件夹 testcloudstorage 及其中文件的基础上继续后续的开发。

修改文件 app.json,代码的修改方法是在语句""pages/uploadFileEx/uploadFileEx","之前增加语句""pages/downloadFileEx/downloadFileEx","。修改代码后编译程序,自动在目录 pages 下生成 downloadFileEx 子目录,且在 pages/downloadFileEx 目录下自动生成了 downloadFileEx 页面的 4 个文件(如 downloadFileEx.wxml 等)。

6.3.3 修改文件 downloadFileEx.wxml

修改文件 downloadFileEx.wxml,文件 downloadFileEx.wxml 修改后的代码如例 6-3 所示。

【例 6-3】 文件 downloadFileEx.wxml 修改后的代码示例。

```
<!-- pages/downloadFileEx/downloadFileEx.wxml -->
<text>pages/downloadFileEx/downloadFileEx.wxml</text>
<button type="primary" bindtap="downloadfileex">下载文件</button>
<button type="primary" bindtap="downloadfilepromise">用 Promise 方式下载文件</button>
```

6.3.4 修改文件 downloadFileEx.js

修改文件 downloadFileEx.js，文件 downloadFileEx.js 修改后的代码如例 6-4 所示。

【例 6-4】 文件 downloadFileEx.js 修改后的代码示例。

```
//pages/downloadFileEx/downloadFileEx.js
Page({
  downloadfileex: function() {
    wx.cloud.downloadFile({
      fileID:
    'cloud://learnwxbookscode-wsd001.6c65-learnwxbookscode-wsd001-1253682497/testcloudstorage/1.jpg',
      success: res => {
        //返回临时文件路径
        console.log(res.tempFilePath)
      },
      fail: console.error
    })
  },
  downloadfilepromise: function() {
    wx.cloud.downloadFile({
      fileID:
    'cloud://learnwxbookscode-wsd001.6c65-learnwxbookscode-wsd001-1253682497/testcloudstorage/2.jpg'
    }).then(res => {
      console.log(res.tempFilePath)
    }).catch(error => {})
  }
})
```

6.3.5 运行程序

编译程序，模拟器中的输出结果如图 6-3 所示。从顶部向底部依次单击图 6-3 中的 2 个按钮，控制台中的输出结果如图 6-4 所示。

图 6-3 编译程序后在模拟器中的输出结果

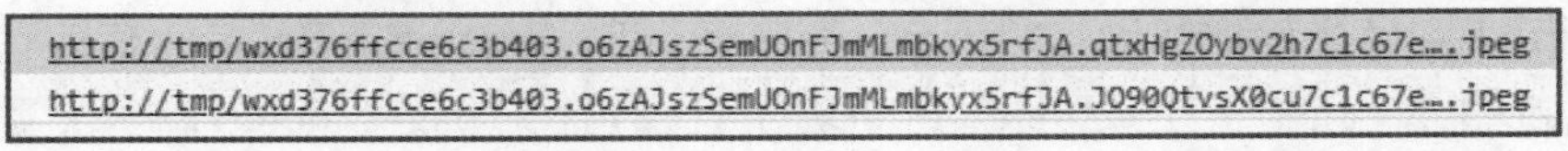

图 6-4 从顶部向底部依次单击图 6-3 中 2 个按钮后控制台中的输出结果

6.4 在小程序端删除文件

6.4.1 API说明

视频讲解

可以通过 wx.cloud.deleteFile() 从存储空间删除文件,一次最多能删除 50 个文件。它的请求参数信息如表 6-7 所示。config 对象(Object)包含一个属性,该属性用来指定环境 env 的环境 ID,属性取值类型为 String 类型。success 返回参数 fileList 是删除结果列表(列表类型为 Object[]),列表中的每一个对象的定义信息如表 6-8 所示。fail 返回参数信息如表 6-9 所示。

表 6-7　wx.cloud.deleteFile()请求参数信息

字　段	说　明	数据类型	必　填
fileList	文件 ID 字符串数组	String[]	是
config	配置	Object	否
success	回调成功	Function	否
fail	回调失败	Function	否
complete	回调结束	Function	否

表 6-8　参数 fileList 信息

字　段	说　明	数据类型
fileID	文件 ID	String
status	状态码,0 为成功	Number
errMsg	成功为 deleteFile:ok,失败为失败原因	String

表 6-9　fail 返回参数信息

字　段	说　明	数据类型
errCode	错误码	Number
errMsg	错误信息,格式为 apiName:fail msg	String

6.4.2 辅助工作

在 6.2 节项目 secondcloud 和文件夹 testcloudstorage 及其中文件的基础上继续后续的开发。

修改文件 app.json,代码的修改方法是在语句""pages/downloadFileEx/downloadFileEx","之前增加语句""pages/deleteFileEx/deleteFileEx","。修改代码后编译程序,自动在目录 pages 下生成 deleteFileEx 子目录,且在 pages/deleteFileEx 目录下自动生成了 deleteFileEx 页面的 4 个文件(如 deleteFileEx.wxml 等)。

6.4.3 修改文件 deleteFileEx.wxml

修改文件 deleteFileEx.wxml，文件 deleteFileEx.wxml 修改后的代码如例 6-5 所示。
【例 6-5】 文件 deleteFileEx.wxml 修改后的代码示例。

```
<!-- pages/deleteFileEx/deleteFileEx.wxml -->
<text>pages/deleteFileEx/deleteFileEx.wxml</text>
<button type="primary" bindtap="deletefileex">删除文件</button>
<button type="primary" bindtap="deletefilepromise">用 Promise 方式删除文件</button>
```

6.4.4 修改文件 deleteFileEx.js

修改文件 deleteFileEx.js，文件 deleteFileEx.js 修改后的代码如例 6-6 所示。
【例 6-6】 文件 deleteFileEx.js 修改后的代码示例。

```
//pages/deleteFileEx/deleteFileEx.js
Page({
  deletefileex: function() {
    wx.cloud.deleteFile({
      fileList:
    ['cloud://learnwxbookscode-wsd001.6c65-learnwxbookscode-wsd001-1253682497/testcloudstorage/1.jpg'],
      success: res => {
        //handle success
        console.log(res.fileList)
      },
      fail: err => {}
    })
  },
  deletefilepromise: function() {
    wx.cloud.deleteFile({
      fileList:
    ['cloud://learnwxbookscode-wsd001.6c65-learnwxbookscode-wsd001-1253682497/testcloudstorage/2.jpg']
    }).then(res => {
      console.log(res.fileList)
    }).catch(error => {})
  },
})
```

6.4.5 运行程序

编译程序，模拟器中的输出结果如图 6-5 所示。从顶部向底部依次单击图 6-5 中的 2 个按钮，控制台中的输出结果如图 6-6 所示。

图 6-5　编译程序后模拟器中的输出结果

图 6-6　从顶部向底部依次单击图 6-5 中 2 个按钮后控制台中的输出结果

6.5　在小程序端换取临时链接

6.5.1　API 说明

视频讲解

　　wx.cloud.getTempFileURL()可以用文件 ID 换取真实链接,也可以自定义有效期,有效期的取值默认为一天且最大不超过一天,一次最多能换取 50 个链接。它的请求参数信息如表 6-10 所示。config 对象(Object)包含一个属性,该属性用来指定环境 env 的环境 ID,属性取值类型为 String 类型。success 返回参数 fileList 是文件列表(列表类型为 Object[]),fileList 数组中的每一个元素都是一个文件 fileID,列表中的每一个对象的定义信息如表 6-11 所示。fail 返回参数信息如表 6-12 所示。

表 6-10　wx.cloud.getTempFileURL()请求参数信息

字　段	说　明	数据类型	必　填
fileList	要换取临时链接的文件 ID 列表	String[]	是
config	配置	Object	否
success	回调成功	Function	否
fail	回调失败	Function	否
complete	回调结束	Function	否

表 6-11　参数 fileList 信息

字　段	说　明	数据类型
fileID	文件 ID	String
tempFileURL	临时文件路径	String
status	状态码,0 为成功	Number
errMsg	成功为 getTempFileURL:ok,失败为失败原因	String

表 6-12　fail 返回参数信息

字　段	说　明	数据类型
errCode	错误码	Number
errMsg	错误信息,格式为 getTempFileURL:fail msg	String

6.5.2 辅助工作

在 6.4 节项目 secondcloud 和文件夹 testcloudstorage 及其中文件的基础上继续后续的开发。

修改文件 app.json,代码的修改方法是在语句""pages/deleteFileEx/deleteFileEx","之前增加语句""pages/getTempFileURLEx/getTempFileURLEx","。修改代码后编译程序,自动在目录 pages 下生成 getTempFileURLEx 子目录,且在 pages/getTempFileURLEx 目录下自动生成了 getTempFileURLEx 页面的 4 个文件(如 getTempFileURLEx.wxml 等)。

6.5.3 修改文件 getTempFileURLEx.wxml

修改文件 getTempFileURLEx.wxml,文件 getTempFileURLEx.wxml 修改后的代码如例 6-7 所示。

【例 6-7】 文件 getTempFileURLEx.wxml 修改后的代码示例。

```
<!-- pages/getTempFileURLEx/getTempFileURLEx.wxml -->
<text>pages/getTempFileURLEx/getTempFileURLEx.wxml</text>
<button type="primary" bindtap="getTempURL">换取临时链接</button>
<button type="primary" bindtap="getTempURLpromise">用 Promise 方式换取临时链接</button>
```

6.5.4 修改文件 getTempFileURLEx.js

修改文件 getTempFileURLEx.js,文件 getTempFileURLEx.js 修改后的代码如例 6-8 所示。

【例 6-8】 文件 getTempFileURLEx.js 修改后的代码示例。

```
//pages/getTempFileURLEx/getTempFileURLEx.js
Page({
  getTempURL: function() {
    wx.cloud.getTempFileURL({
      fileList:
  ['cloud://learnwxbookscode-wsd001.6c65-learnwxbookscode-wsd001-1253682497/testcloudstorage/3.jpg'],
      success: res => {
        //get temp file URL
        console.log(res.fileList)
      },
      fail: err => {
        //handle error
      }
    })
  },
```

```
    getTempURLpromise: function() {
      wx.cloud.getTempFileURL({
        fileList: [{
          fileID:
  'cloud://learnwxbookscode - wsd001.6c65 - learnwxbookscode - wsd001 - 1253682497/
testcloudstorage/3.jpg',
          maxAge: 60 * 60, //one hour
        }]
      }).then(res => {
        //get temp file URL
        console.log(res.fileList)
      }).catch(error => {
        //handle error
      })
    }
  })
```

6.5.5 运行程序

编译程序,模拟器中的输出结果如图 6-7 所示。从顶部向底部依次单击图 6-7 中的 2 个按钮,控制台中的输出结果如图 6-8 所示。

图 6-7 编译程序后模拟器中的输出结果

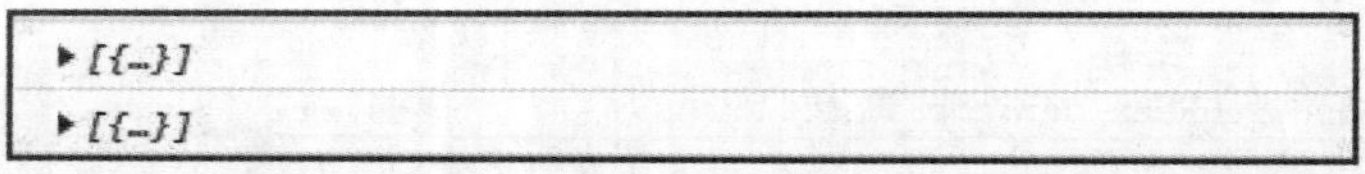

图 6-8 从顶部向底部依次单击图 6-7 中 2 个按钮后控制台中的输出结果

6.6 在小程序端使用组件和 API 来访问云端文件

6.6.1 说明和辅助工作

视频讲解

小程序组件 image、video、cover-image 支持传入文件 ID。

API 中 getBackgroundAudioManager()、createInnerAudioContext()、previewImage() 支持传入文件 ID。

在 6.4 节项目 secondcloud 和文件夹 testcloudstorage 及其中文件的基础上继续后续的开发。

修改文件 app.json，代码的修改方法是在语句""pages/getTempFileURLEx/getTempFileURLEx","之前增加语句""pages/componentAPIsEx/componentAPIsEx","。修改代码后编译程序，自动在目录 pages 下生成 componentAPIsEx 子目录，且在 pages/componentAPIsEx 目录下自动生成了 componentAPIsEx 页面的 4 个文件（如 componentAPIsEx.wxml 等）。

6.6.2　修改文件 componentAPIsEx.wxml

修改文件 componentAPIsEx.wxml，文件 componentAPIsEx.wxml 修改后的代码如例 6-9 所示。

【例 6-9】　文件 componentAPIsEx.wxml 修改后的代码示例。

```
<!-- pages/componentAPIsEx/componentAPIsEx.wxml -->
<text>pages/componentAPIsEx/componentAPIsEx.wxml</text>
<image
src = "cloud://learnwxbookscode - wsd001.6c65 - learnwxbookscode - wsd001 - 1253682497/testcloudstorage/3.jpg"></image>
<view>上面的图片存放在云端。</view>
<button type = "primary" bindtap = "nextStep">预览云端另一幅图</button>
```

6.6.3　修改文件 componentAPIsEx.js

修改文件 componentAPIsEx.js，文件 componentAPIsEx.js 修改后的代码如例 6-10 所示。

【例 6-10】　文件 componentAPIsEx.js 修改后的代码示例。

```
//pages/componentAPIsEx/componentAPIsEx.js
Page({
  nextStep: function() {
    wx.previewImage({
      urls:
  ['http://tmp/wxd376ffcce6c3b403.o6zAJszSemUOnFJmMLmbkyx5rfJA.KPZABenBnlB67c1c67efb37f06f9a6ae818984a582b1.jpeg']         //需要预览的图片 HTTP 链接列表
    })
  }
})
```

6.6.4　运行程序

编译程序，模拟器中的输出结果如图 6-9 所示。单击图 6-9 中"预览云端另一幅图"按钮，模拟器中的输出结果如图 6-10 所示。

图 6-9　编译程序后模拟器中的输出结果

图 6-10　单击图 6-9 中"预览云端另一幅图"按钮后模拟器中的输出结果

习题 6

实验题

1. 实现在小程序端上传文件的应用开发。
2. 实现在小程序端下载文件的应用开发。
3. 实现在小程序端删除文件的应用开发。
4. 实现在小程序端换取临时链接的应用开发。
5. 实现在小程序端使用组件和 API 访问云端文件的应用开发。

第7章 云开发中云函数开发

本章先介绍云端初始化、常量 DYNAMIC_CURRENT_ENV、工具类 getWXContext()和 logger()方法、在开发者工具中管理云函数、本地调试、运行原理和 Node.js 的相关知识，再结合示例介绍云函数的实现与本地调试、将云函数上传、部署到云端和在小程序端调用云函数、同步和下载云函数并在小程序端调用该云函数、云函数中异步操作、云函数调用其他云函数等内容。因此本章的 API 包括小程序端 API 和服务端 API。

7.1 相关说明

7.1.1 云端初始化

云端运行环境为 Node.js，开发时需要安装 Node.js 和 NPM。云函数的运行环境是 Node.js，因此可以使用 NPM 安装第三方依赖。例如，除了使用 Node.js 提供的原生 HTTP 接口在云函数中发起网络请求之外，还可以使用一个流行的 Node.js 网络请求库 request 来更便捷地发起网络请求。在微信开发者工具中选择上传云函数时，可以选择云端安装依赖（不上传 node_modules 文件夹）或全量上传（上传 node_modules 文件夹）。

使用云开发需要在云函数目录中安装 wx-server-sdk 依赖，安装命令如例 7-1 所示。

【例 7-1】 安装 wx-server-sdk 命令示例。

```
npm install --save wx-server-sdk
```

云函数属于管理端，在云函数中运行的代码不受数据库读写权限和云文件读写权限的限制。需要特别注意，云函数运行环境即是管理端，与云函数中传入的 openid 对应的微信用户是否是小程序的管理员、开发者无关。

在微信开发者工具的云函数根目录中创建云函数时，默认会创建一个定义了

wx-server-sdk 依赖的 package.json，并在创建成功时提示自动安装依赖。如果无法直接使用 npm install 命令进行安装，就需要手工执行相应依赖安装命令来进行安装。

在 wx-server-sdk 中不再兼容 success、fail、complete 回调，总是只会返回 Promise。在云函数中使用 wx-server-sdk，需先调用初始化方法 wx.cloud.init()一次，用于设置接下来在该云函数实例中调用云函数、数据库、文件存储时要访问的环境。wx.cloud.init()方法接收一个可选的 options 参数，方法没有返回值。options 参数定义了云开发的默认配置，该配置会作为之后调用其他所有云 API 的默认配置。

当 env 传入参数为对象时，可以指定各个服务的默认环境，可选字段信息如表 7-1 所示。

表 7-1 env 可选字段信息

字 段	数据类型	必 填	默 认 值	说 明
database	String	否	default	数据库 API 默认环境配置
storage	String	否	default	存储 API 默认环境配置
functions	String	否	default	云函数 API 默认环境配置
default	String	否	空	省略时 API 默认环境配置

7.1.2 常量 DYNAMIC_CURRENT_ENV

常量 DYNAMIC_CURRENT_ENV 可以用来标识当前所在环境，注意该值不是当前所在环境 ID 的字符串，其值等价于 Symbol.for('DYNAMIC_CURRENT_ENV')。如果在 wx.cloud.init() 中给 env 参数传该常量值，则后续的 API 请求会自动请求当前所在环境的云资源，如云函数 Funa 当前所在环境是 test-a，则其接下来请求数据库、存储、云函数时都默认请求环境 test-a 的数据库、存储、云函数。

在调用初始化方法 wx.cloud.init()之后，可以在后续用 updateConfig()方法动态全量更新配置，常用于根据云函数当前所在环境动态更新接下来 API 默认要访问的环境。

7.1.3 工具类 getWXContext()方法和 logger()方法

工具类 getWXContext()方法在云函数中获取微信调用上下文，该方法无须传入参数，返回字段信息如表 7-2 所示。

表 7-2 工具类 getWXContext()方法返回字段信息

字 段	含 义	字段存在条件
OPENID	小程序用户 openid	小程序端调用云函数时
APPID	小程序 AppID	小程序端调用云函数时
UNIONID	小程序用户 unionid	小程序端调用云函数且满足 unionid 获取条件时
ENV	云函数所在环境的 ID	无
SOURCE	调用来源（云函数本次运行被什么触发）	无

其中，SOURCE 值跟随调用链条传递，会表示调用链路情况（用英文逗号分隔），比如小程序调用云函数 A()，再在云函数 A() 内调用云函数 B()，则 A() 获得的 SOURCE 为 wx_client，B() 内获得的 SOURCE 为 wx_client,scf（微信小程序调用，然后云函数调用）。SOURCE 的枚举类型信息如表 7-3 所示。如果在云函数本地调试中，ENV 会为 local，SOURCE 会为 wx_client。请不要在 exports.main 外使用 getWXContext()，此时尚没有调用上下文，无法获取得到信息。

表 7-3　SOURCE 的枚举类型信息

SOURCE 值	含　　义	SOURCE 值	含　　义
wx_devtools	微信 IDE 调用	wx_unknown	微信未知来源调用
wx_client	微信小程序调用	scf	云函数调用云函数
wx_http	微信 HTTP API 调用	其他	非微信端触发

logger() 方法提供使用高级日志能力。logger() 方法返回一个 log 对象，log 对象包含 log()、info()、warn()、error() 方法，每调用一次产生一条日志记录。其中 log() 产生默认等级的日志，info() 产生普通等级的日志，warn() 产生警告等级的日志，error() 产生错误等级的日志。所有的方法都接收一个对象，对象的每个 <key,value> 对都会作为日志一条记录的一个可检索的键值对，其中 value 无论类型是什么都会自动转成字符串。

7.1.4　在开发者工具中管理云函数

在云函数根目录或者云函数目录上，右击，弹出快捷菜单，可以完成以下操作。

（1）查看当前环境、切换环境。在云函数根目录上右击，在弹出的快捷菜单中可以查看当前对应的环境，同时可以切换环境，之后的所有操作都是在这个环境下进行。

（2）新建 Node.js 云函数。以云函数名字命名的目录，存放该云函数的所有代码。目录中 index.js 文件是云函数入口文件，云函数被调用时实际执行的入口函数是 index.js 中导出的 main() 方法。package.json 文件是 NPM 包定义文件，其中默认定义了最新的 wx-server-sdk 依赖。

（3）测试和调试云函数。一般来说，测试是找错，而调试是改错，两者往往是密切相关的任务。官方文档中使用云端测试、本地调试这两种表述。更多细节请参考 3.4.3 节和 7.1.5 节。

（4）上传并部署云函数到线上环境。

（5）下载线上环境的云函数列表，下载线上环境的云函数代码并覆盖本地同名函数代码。将线上环境中的云函数列表同步到本地，微信开发者工具会根据云函数的名字，在本地中创建出对应的云函数目录。在一个云函数目录上右击可以在弹出的快捷菜单中选择下载该云函数，云函数代码会被下载到指定目录。在项目根目录中可以使用 project.config.json 文件，在该文件中定义 cloudfunctionRoot 字段指定本地已存在的目录作为云函数的本地根目录。

7.1.5　本地调试

云开发提供了云函数本地调试功能，方便开发者在本地进行云函数调试，建议开发者在上传代码前先使用本地调试测试通过后再上线部署。使用本地调试有如下三个好处。

（1）调试阶段不需要上传部署。调试云函数时，对比不在本地调试时的调试流程（本地修改代码→上传部署云函数→调用）和本地调试的调试流程（本地修改→调用），省去了上传等待的步骤，大大提高开发调试效率。

（2）单步调试。比起通过控制台中查看线上日志的方法进行调试，使用本地调试后可以进行体验更优的"单步调试"，同时也可以看到所有的日志。

（3）部署前调试。可以调试完毕再上传部署，而不是需要通过上传部署来调试。

右击云函数名就会弹出本地调试界面。在本地调试界面中单击相应云函数并勾选"开启本地调试"复选框方可进行该云函数的本地调试。在开启本地调试的过程中，系统会检测该云函数本地是否已安装了 package.json 中所指定的依赖，如无会给出警告。对于已开启本地调试的云函数，微信开发者工具模拟器中的对该云函数的请求以及其他开启了本地调试的云函数的对该云函数的请求，都会自动请求到该本地云函数。

目前云函数本地调试的请求方式支持手动触发、模拟器触发两种模式。手动触发，即在本地调试界面输入请求参数并发起调用。模拟器触发，即直接在微信开发者工具模拟器发起对该云函数的请求。在手动触发模式下，系统支持从小程序端调用、从其他云函数调用两种模拟方式。从小程序端调用模式下，在云函数内可通过 cloud.getWXContext() 获取调用的微信上下文，包括 openid 等字段。从其他云函数调用时云函数内不带有微信上下文。

在手动触发的条件下，开发者需要手动输入请求参数。为方便开发者进行模板管理，系统提供了模板的保存、另存为及删除功能。同时在云函数本地调试界面保存模板时，系统会在小程序本地代码目录下创建 cloudfunctionTemplate 目录，并新建该云函数的模板文件。也可通过直接修改该模板文件进行模板的管理。

7.1.6　运行工作原理

云函数运行在云端 Linux 环境中，一个云函数在处理并发请求的时候会创建多个云函数实例，每个云函数实例之间相互隔离，没有公用的内存空间或硬盘空间。云函数实例的创建、管理、销毁等操作由平台自动完成。每个云函数实例都在 tmp 目录下提供了一块 512MB 的临时磁盘空间用于处理单次云函数执行过程中的临时文件读写需求，需特别注意的是，这块临时磁盘空间在函数执行完毕后可能被销毁，不应依赖和假设在磁盘空间存储的临时文件会一直存在。如果需要持久化的存储，请使用云开发中的存储功能。

为了保证负载均衡，云函数平台会根据当前负载情况控制云函数实例的数量，并且会在一些情况下重用云函数实例，这使得连续两次云函数调用如果都由同一个云函数实例运行，那么两者会共享同一个临时磁盘空间，但因为云函数实例随时可能被销毁，并且连续的请求不一定会落在同一个实例，因此云函数不应依赖之前云函数调用中在临时磁盘空间遗留的数据。总的原则即是云函数代码应是无状态的，即一次云函数的执行不依赖上一次云函数执行过程中在运行环境中残留的信息。编写代码不应依赖特定的操作系统或特定的操作系统版本号，运行环境可能会发生变化，代码应尽量与平台无关。

云函数的调用采用事件触发模型，小程序端的每一次调用即触发了一次云函数调用事件，云函数平台会新建或复用已有的云函数实例来处理这次调用。同理，因为云函数间也可以相互调用,因此云函数间相互调用也触发了一次调用事件。开发者无须关心云函数扩容和缩容的问题,平台会根据负载自动进行扩缩容。云函数中的时区为 UTC+0,不是 UTC+8,在云函数中使用时间时需要特别注意。

7.2 Node.js 相关知识

7.2.1 Node.js 介绍

Node.js 是一个基于 Chrome V8 引擎的 JavaScript 运行时。Node.js 使用了事件驱动、异步(或称为非阻塞)式 I/O 架构。

Node.js 异步式编程的直接体现就是回调函数。回调函数在完成任务后就会被调用,Node.js 使用了大量的回调函数,Node.js 所有 API 都支持回调函数。例如,可以一边读取文件,一边执行其他命令,在文件读取完成后,将文件内容作为回调函数的参数返回。这样在执行代码时就没有阻塞或等待文件 I/O 操作。这就大大提高了 Node.js 的性能,可以处理大量的并发请求。回调函数一般作为执行异步操作函数的最后一个参数出现,回调函数接收错误对象作为第一个参数。

Node.js 使用事件驱动模型,当 Web Server 接收到请求时,就把它关闭然后进行处理,然后去服务下一个 Web 请求。当前一个请求完成时,它被放回处理队列,当到达队列开头时,这个结果被返回给用户。在事件驱动模型中,会生成一个主循环来监听事件,当检测到事件时触发回调函数。

7.2.2 Node.js 的模块和包

模块是 Node.js 应用系统的基本组成部分。在 Node.js 模块系统中,每个文件都被视为一个独立的模块。换言之,一个 Node.js 文件就是一个模块,这个文件可能是 JavaScript 代码、JSON 或者编译过的 C/C++ 代码扩展。Node.js 提供了一些核心模块(或者称为原生模块),这些模块定义在 Node.js 源代码的 lib 目录下。

Node.js 提供了 exports 和 require 两个对象,其中 exports 是模块公开的接口,require() 用于从外部获取一个模块的接口,即所获取模块的 exports 对象。require() 总是会优先加载核心模块。例如,require('http') 始终返回内置的 HTTP 模块,即使有同名文件。

Node.js 的包是一个目录,其中包括一个 JSON 格式的包说明文件 package.json。包说明文件 package.json 有两项必选的元数据(项目名称 name 和项目版本 version)。另外,还包括描述 description、指定加载入口文件的 main 字段(默认值是模块根目录下面的 index.js)、单一作者 author 或一组贡献者 contributors、指定运行脚本 npm 命令的缩写的字段 scripts、授权方式 license、指定项目运行所依赖的模块的 dependencies 字段、代码存放位置 repository 等数据。

NPM 是随同 Node.js 一起安装的包管理工具,允许用户从 NPM 服务器下载别人编写的第三方包、下载并安装别人编写的命令行程序到本地使用,也允许用户将自己编写的包或命令行程序上传到 NPM 服务器供别人使用。

7.3 云函数 myfirstfun 的实现与本地调试

视频讲解

7.3.1 说明

一个云函数的写法与一个在本地定义的 JavaScript 方法无异，代码运行在云端 Node.js 中。当云函数被小程序端调用时，定义的代码会被放在 Node.js 运行环境中执行。可以像在 Node.js 环境中使用 JavaScript 一样在云函数中进行网络请求等操作，而且还可以通过云函数后端 SDK 搭配使用多种服务，比如使用云函数 SDK 中提供的数据库和存储 API 进行数据库和存储的操作，这部分可参考数据库和存储后端 API 文档。

在项目根目录找到 project.config.json 文件，新增 cloudfunctionRoot 字段，指定本地已存在的目录作为云函数的本地根目录。完成指定之后，云函数的根目录的图标会变成"云目录图标"，如图 7-1 中 cloudfunctions 前的图标。云函数根目录下一级的子目录（云函数目录）是与云函数名字相同的，如果对应的线上环境存在该云函数，则会用一个特殊的"云图标"标明，如图 7-1 中云函数 add 前的图标。

接着，右击云函数根目录，在弹出的快捷菜单中，可以选择"新建 Node.js 云函数"，如图 7-1 所示。将该云函数命名为 myfirstfun 后，自动创建云函数目录 myfirstfun 和入口 index.js 文件、配置文件 package.json，如图 7-2 所示。

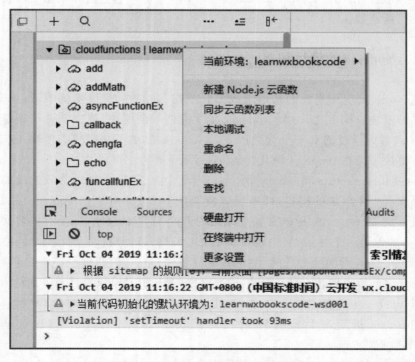

图 7-1 新建 Node.js 云函数界面

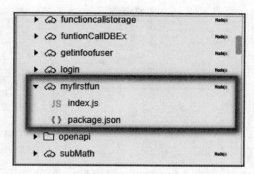

图 7-2 创建 Node.js 云函数后生成的目录和文件

7.3.2 云函数 myfirstfun 自动生成文件 package.json 的代码

云函数 myfirstfun 自动生成的文件 package.json 的代码如例 7-2 所示。

【例 7-2】 云函数 myfirstfun 自动生成的文件 package.json 的代码示例。

```
{
  "name": "myfirstfun",
  "version": "1.0.0",
  "description": "",
  "main": "index.js",
  "scripts": {
    "test": "echo \"Error: no test specified\" && exit 1"
  },
  "author": "",
  "license": "ISC",
  "dependencies": {
    "wx - server - sdk": "latest"
  }
}
```

7.3.3 云函数 myfirstfun 自动生成文件 index.js 的代码及说明

云函数 myfirstfun 自动生成的文件 index.js 的代码如例 7-3 所示。

【例 7-3】 云函数 myfirstfun 自动生成的文件 index.js 的代码示例。

```
//云函数入口文件
//导入模块
const cloud = require('wx - server - sdk')
//采用默认环境配置进行初始化
cloud.init()
//云函数入口函数,异步式
exports.main = async (event, context) => {
  const wxContext = cloud.getWXContext()
  return
```

```
    event,
    openid: wxContext.OPENID,
    appid: wxContext.APPID,
    unionid: wxContext.UNIONID,
  }
}
```

云函数的传入参数有两个：一个是 event 对象；另一个是 context 对象。event 指的是触发云函数的事件，当小程序端调用云函数时，event 就是小程序端调用云函数时传入的参数，外加后端自动注入的小程序用户的 openid 和小程序的 AppID。context 对象包含了此处调用的调用信息和运行状态，可以用它来了解服务运行的情况。在模板中也默认使用 require 库调用了 wx-server-sdk，这是一个在云函数中操作数据库、存储以及调用其他云函数的微信提供的库。

云开发的云函数的独特优势在于与微信登录鉴权的无缝整合。当小程序端调用云函数时，云函数的传入参数中会被注入小程序端用户的 openid，开发者无须校验 openid 的正确性，因为微信已经完成了这部分鉴权，开发者可以直接使用该 openid。与 OpenID 一起同时注入云函数的还有小程序的 AppID。

从小程序端调用云函数时，开发者可以在云函数内使用 wx-server-sdk 提供的 getWXContext()方法获取到每次调用的上下文（AppID、openid 等），无须维护复杂的鉴权机制，即可获取天然可信任的用户登录态（openid）。

7.3.4 修改 index.js 文件实现云函数 myfirstfun

云函数 myfirstfun 修改后的 index.js 文件代码如例 7-4 所示。一般来说，实现云函数时需要修改自动生成的入口文件 index.js 的代码。后面章节云函数的示例代码时往往是指修改后的代码。

【例 7-4】 云函数 myfirstfun 修改后文件 index.js 的代码示例。

```
const cloud = require('wx-server-sdk')
cloud.init()
//将传入的 a 和 b 相乘并作为 mulresult 字段返回给调用端
exports.main = async (event, context) => {
  return {
    mulresult: event.a * event.b
  }
}
```

7.3.5 本地调试云函数 myfirstfun

右击云函数 myfirstfun 目录，在弹出的快捷菜单中选择"本地调试"，如图 7-3 所示。选择"本地调试"后，弹出窗口，如图 7-4 所示。依次选择云函数 myfirstfun、勾选"开启本地调试"复选框、输入 JSON 格式测试数据（数值为 a=2，b=3）（或称为请求参数）、单击"调用"按钮，结果如图 7-5 所示。

第7章 云开发中云函数开发

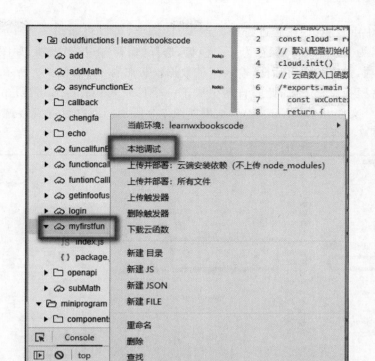

图 7-3 选择"本地调试"

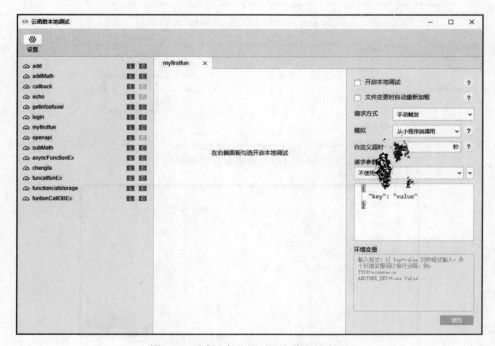

图 7-4 选择"本地调试"后弹出的窗口

为了开发中重复测试(或者进行回归测试)的需要,可以将如图 7-5 所示的输入 JSON 格式数据(数值为 a=2,b=3)保存为一个模板,选择"保存"下拉列表项,如图 7-6 所示。单击"保存"列表项,弹出一个对话框,输入测试数据模板名称 zs,如图 7-7 所示。单击"确定"按钮,就可以将模板保存下来,此时自动生成了一个目录 cloudfunctionTemplate,并在此目录下生成了一个文件 myfirstfun.json,结果如图 7-8 所示。下次可以直接选择模板名称 zs 进行测试,如图 7-9 所示。

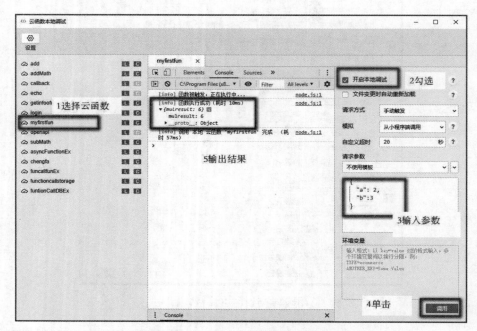

图 7-5 云函数 myfirstfun()的"本地调试"过程和结果窗口

图 7-6 本地调试时测试数据保存为模板的下拉列表

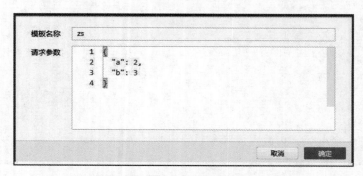

图 7-7 将图 7-5 中测试数据保存为模板 zs 的对话框

第7章　云开发中云函数开发

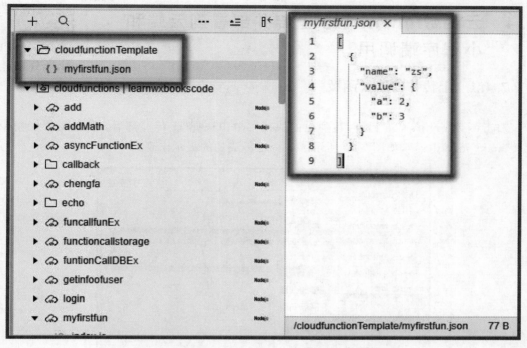

图 7-8　模板目录及文件 myfirstfun.json 的界面

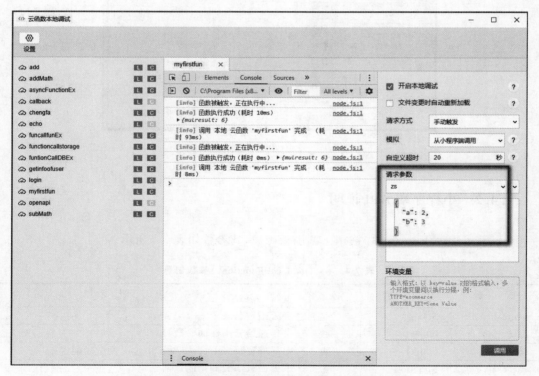

图 7-9　后续测试直接用图 7-7 中模板 zs 的测试数据

7.4 云函数 myfirstfun 上传并部署到云端和小程序端调用

视频讲解

7.4.1 上传并部署云函数

右击函数 myfirstfun 目录,在弹出的快捷菜单中选择"上传并部署:云端安装依赖(不上传 node_modules)",如图 7-10 所示。等待上传成功的提示出现。

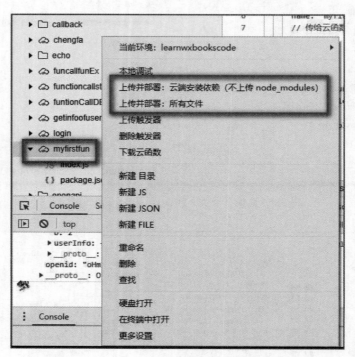

图 7-10 上传并部署云函数界面

7.4.2 小程序端 API 说明

wx.cloud.callFunction()被用于调用云函数,其参数如表 7-4 所示。

表 7-4 wx.cloud.callFunction()参数信息

参 数	类 型	必 填	说 明
name	String	是	云函数名
data	Object	否	传递给云函数的参数
config	Object	否	局部覆写 wx.cloud.init 中定义的全局配置
success	Function	否	返回云函数调用的返回结果
fail	Function	否	接口调用失败的回调函数
complete	Function	否	接口调用结束的回调函数(调用成功、失败都会执行)

config 对象是一个指定环境 env 的环境 ID,为 String 类型。success 返回参数(或 Promise 返回结果)信息如表 7-5 所示。fail 返回参数信息如表 7-6 所示。

表 7-5　success 返回参数(或 Promise 返回结果)信息

字　　段	说　　明	数 据 类 型
result	云函数返回的结果	String
requestID	云函数执行 ID,可用于在控制台查找日志	String
errMsg	通用返回结果	String

表 7-6　fail 返回参数信息

字　　段	说　　明	数 据 类 型
errCode	错误码	Number
errMsg	错误信息,格式为 apiName:fail msg	String

7.4.3　辅助工作

在 6.6 节项目 secondcloud 和在 7.3 节云函数 myfirstfun 的基础上继续后续的开发。

修改文件 app.json,代码的修改方法是在语句""pages/componentAPIsEx/componentAPIsEx","之前增加语句""pages/callMyFirstFun/callMyFirstFun","。修改代码后编译程序,自动在目录 pages 下生成 callMyFirstFun 子目录,且在 pages/callMyFirstFun 目录下自动生成了 callMyFirstFun 页面的 4 个文件(如 callMyFirstFun.wxml 等)。

7.4.4　修改文件 callMyFirstFun.wxml

修改文件 callMyFirstFun.wxml,文件 callMyFirstFun.wxml 修改后的代码如例 7-5 所示。

【例 7-5】　文件 callMyFirstFun.wxml 修改后的代码示例。

```
<!-- pages/callMyFirstFun/callMyFirstFun.wxml -->
<text>pages/callMyFirstFun/callMyFirstFun.wxml</text>
<button type="primary" bindtap="callcloudfun">调用云函数</button>
<button type="primary" bindtap="callfunpromise">Promise 方式调用云函数</button>
```

7.4.5　修改文件 callMyFirstFun.js

修改文件 callMyFirstFun.js,文件 callMyFirstFun.js 修改后的代码如例 7-6 所示。

【例 7-6】　文件 callMyFirstFun.js 修改后的代码示例。

```
//pages/callMyFirstFun/callMyFirstFun.js
Page({
  callcloudfun: function() {
```

```
    wx.cloud.callFunction({
      //云函数名称
      name: 'myfirstfun',
      //传给云函数的参数
      data: {
        a: 2,
        b: 3,
      },
      success: function(res) {
        console.log('2 * 3 = ' + res.result.mulresult)      //输出 2 * 3 = 6
      },
      fail: console.error
    })
  },
  callfunpromise: function() {
    wx.cloud.callFunction({
      name: 'myfirstfun',
      data: {
        a: 4,
        b: 5,
      }
    }).then(res => {
      console.log('4 * 5 = ' + res.result.mulresult)
    }).catch(err => {
    })
  }
})
```

7.4.6 运行程序

编译程序,模拟器中的输出结果如图 7-11 所示。从顶部向底部依次单击图 7-11 中的 2 个按钮,控制台中的输出结果如图 7-12 所示。

图 7-11 编译程序后模拟器中的输出结果

图 7-12 从顶部向底部依次单击图 7-11 中 2 个按钮后控制台中的输出结果

7.5 同步、下载云函数 subMath 并在小程序端调用

7.5.1 同步、下载云函数 subMath

视频讲解

右击云函数根目录,在弹出的快捷菜单中选择"同步云函数列表",如图 7-13 所示,在微信开发者工具中可以看到所有云函数。选择其中一个云函数(名为 subMath),右击云函数目录,在弹出的快捷菜单中选择"下载云函数",如图 7-14 所示。下载完成后,云函数目录 subMath 下自动创建了 node_modules 子目录和入口 index.js 文件、配置文件 package.json,如图 7-15 所示。

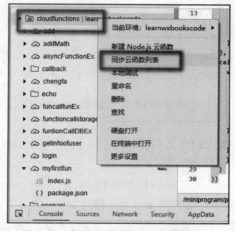

图 7-13 同步云函数列表的操作界面

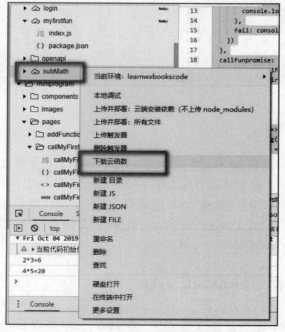

图 7-14 下载云函数的操作界面

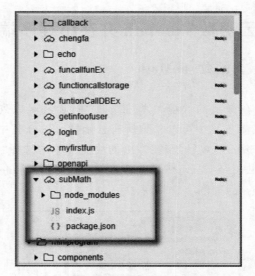

图 7-15　下载云函数 subMath 的结果

下载完成后,可以按照 7.3 节的步骤测试云函数 subMath。

7.5.2　云函数 subMath 的文件 index.js 代码

云函数 subMath 的文件 index.js 的代码如例 7-7 所示。
【例 7-7】　云函数 subMath 的文件 index.js 的代码示例。

```
const cloud = require('wx-server-sdk')
cloud.init()
exports.main = async (event, context) => {
  return {
    subr: event.a - event.b
  }
}
```

7.5.3　辅助工作

在 7.4 节项目 secondcloud 和本节云函数 subMath 的基础上继续后续的开发。

修改文件 app.json,代码的修改方法是在语句" "pages/callMyFirstFun/callMyFirstFun","之前增加语句""pages/callsubMath/callsubMath","。修改代码后编译程序,自动在目录 pages 下生成 callsubMath 子目录,且在 pages/callsubMath 目录下自动生成了 callsubMath 页面的 4 个文件(如 callsubMath.wxml 等)。

7.5.4　修改文件 callsubMath.wxml

修改文件 callsubMath.wxml,文件 callsubMath.wxml 修改后的代码如例 7-8 所示。

第7章 云开发中云函数开发

【例 7-8】 文件 callsubMath.wxml 修改后的代码示例。

```
<!-- pages/callsubMath/callsubMath.wxml -->
<text>pages/callsubMath/callsubMath.wxml</text>
<button type="primary" bindtap="callsubmath">调用云函数 subMath</button>
<button type="primary" bindtap="callsubmathpromise">Promise 方式调用云函数 subMath
</button>
```

7.5.5 修改文件 callsubMath.js

修改文件 callsubMath.js,文件 callsubMath.js 修改后的代码如例 7-9 所示。

【例 7-9】 文件 callsubMath.js 修改后的代码示例。

```
//pages/callsubMath/callsubMath.js
Page({
  callsubmath: function() {
    wx.cloud.callFunction({
      //云函数名称
      name: 'subMath',
      //传给云函数的参数
      data: {
        a: 5,
        b: 3,
      },
      success: function(res) {
        console.log('5 - 3 = ' + res.result.subr)
      },
      fail: console.error
    })
  },
  callsubmathpromise: function() {
    wx.cloud.callFunction({
      name: 'subMath',
      data: {
        a: 9,
        b: 5,
      }
    }).then(res => {
      console.log('9 - 5 = ' + res.result.subr)
    }).catch(err => {})
  }
})
```

7.5.6 运行程序

编译程序,模拟器中的输出结果如图 7-16 所示。从顶部向底部依次单击图 7-16 中的 2

个按钮,控制台中的输出结果如图 7-17 所示。

图 7-16　编译程序后模拟器中的输出结果

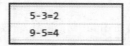

图 7-17　从顶部向底部依次单击图 7-16 中 2 个按钮后控制台中的输出结果

7.6　云函数中异步操作

7.6.1　实现异步云函数 asyncFunctionEx

视频讲解

经常需要在云函数中处理一些异步操作,在异步操作完成后再返回结果到调用方。参考 7.3 节的步骤,实现测试云函数 asyncFunctionEx,并将其上传并部署到云端。云函数 asyncFunctionEx 修改后的入口文件 index.js 的代码如例 7-10 所示。

【例 7-10】　云函数 asyncFunctionEx 修改后入口文件 index.js 的代码示例。

```
const cloud = require('wx-server-sdk')
cloud.init()
exports.main = async (event, context) => {
  return new Promise((resolve, reject) => {
    //在100ms后返回结果给调用方(小程序/其他云函数)
    setTimeout(() => {
      resolve(event.a + event.b)
    }, 100)
  })
}
```

7.6.2　辅助工作

在 7.5 节项目 secondcloud 和本节云函数 asyncFunctionEx 的基础上继续后续的开发。
修改文件 app.json,代码的修改方法是在语句""pages/callsubMath/callsubMath","之前增加语句""pages/callAsyncFun/callAsyncFun","。修改代码后编译程序,自动在目录 pages 下生成 callAsyncFun 子目录,且在 pages/callAsyncFun 目录下自动生成了 callAsyncFun 页面的 4 个文件(如 callAsyncFun.wxml 等)。

7.6.3 修改文件 callAsyncFun.wxml

修改文件 callAsyncFun.wxml，文件 callAsyncFun.wxml 修改后的代码如例 7-11 所示。

【例 7-11】 文件 callAsyncFun.wxml 修改后的代码示例。

```
<!-- pages/callAsyncFun/callAsyncFun.wxml -->
<text>pages/callAsyncFun/callAsyncFun.wxml</text>
<button type = "primary" bindtap = "callasyncfunex">调用异步云函数</button>
<button type = "primary" bindtap = "callasyncfunpromise">Promise 方式调用异步云函数
</button>
```

7.6.4 修改文件 callAsyncFun.js

修改文件 callAsyncFun.js，文件 callAsyncFun.js 修改后的代码如例 7-12 所示。

【例 7-12】 文件 callAsyncFun.js 修改后的代码示例。

```
//pages/callAsyncFun/callAsyncFun.js
Page({
  callasyncfunex: function() {
    wx.cloud.callFunction({
      name: 'asyncFunctionEx',
      data: {
        a: 1,
        b: 2,
      },
      complete: res => {
        console.log('callFunction asyncFunctionEx result: ', res.result)
      },
    })
  },
  callasyncfunpromise: function() {
    wx.cloud.callFunction({
      name: 'asyncFunctionEx',
      data: {
        a: 4,
        b: 5,
      }
    }).then(res => {
      console.log('callFunction asyncFunctionEx result: ', res.result)
    }).catch(err => {})
  }
})
```

7.6.5 运行程序

编译程序,模拟器中的输出结果如图 7-18 所示。从顶部向底部依次单击图 7-18 中的 2 个按钮,各自等待 100ms 后给出计算结果,控制台中的输出结果如图 7-19 所示。

图 7-18 编译程序后模拟器中的输出结果

```
callFunction asyncFunctionEx result: 3
callFunction asyncFunctionEx result: 9
```

图 7-19 从顶部向底部依次单击图 7-18 中 2 个按钮后控制台中的输出结果

7.7 云函数调用其他云函数

7.7.1 服务端 API 说明和辅助工作

视频讲解

服务器端 cloud.callFunction()方法(请注意小程序端的 wx.cloud.callFunction()与其对应)可以用来调用云函数,其 OBJECT 参数信息如表 7-7 所示。

表 7-7 cloud.callFunction()的 OBJECT 参数信息

参　数	类　型	必　填	说　明
name	String	是	云函数名
data	Object	否	传递给云函数的参数

Promise 返回结果信息如表 7-8 所示。

表 7-8 Promise 返回结果信息

字　段	说　明	数据类型
result	云函数返回的结果	String
requestID	云函数执行 ID,可用于在控制台查找日志	String
errMsg	通用返回结果	String

7.7.2 辅助工作

在 7.6 节项目 secondcloud 和 7.4 节云函数 myfirstfun、7.5 节云函数 subMath、7.6 节

云函数 asyncFunctionEx 的基础上继续后续的开发。

修改文件 app.json,代码的修改方法是在语句""pages/callAsyncFun/callAsyncFun","之前增加语句""pages/callMySecondFun/callMySecondFun","。修改代码后编译程序,自动在目录 pages 下生成 callMySecondFun 子目录,且在 pages/callMySecondFun 目录下自动生成了 callMySecondFun 页面的 4 个文件(如 callMySecondFun.wxml 等)。

7.7.3　实现云函数 mysecondfun

按照 7.3 节的步骤实现云函数 mysecondfun,修改后的 index.js 文件代码如例 7-13 所示。

【例 7-13】　云函数 mysecondfun 修改后的文件 index.js 代码示例。

```
const cloud = require('wx-server-sdk')
cloud.init()
exports.main = async(event, context) => {
  const a = event.x        //云函数 mysecondfun 的参数为 x,y
  const b = event.y        //这里的 b 是本地变量
  const res1 = await cloud.callFunction({
    //要调用的云函数名称
    name: 'myfirstfun',
    //传递给云函数的参数
    data: {
      a: a,               //前一个 a 是 myfirstfun 云函数的参数,后一个 a 是本地变量
      b: b,
    }
  })
  const res2 = await cloud.callFunction({
    name: 'subMath',
    data: {
      a: a,
      b: b,
    }
  })
  const res3 = await cloud.callFunction({
    name: 'asyncFunctionEx',
    data: {
      a: 18,
      b: 9,
    }
  })
  return {
    r1: res1.result.mulresult,
    r2: res2.result.subr,
    r3: res3.result
  }
}
```

7.7.4　本地调试后上传部署云函数 mysecondfun

按照 7.3 节的步骤对云函数 mysecondfun 进行本地调试,输入参数(x＝9,y＝7),结果如图 7-20 所示。上传并部署该云函数。

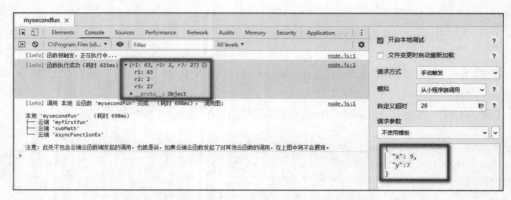

图 7-20　对云函数 mysecondfun 进行本地调试的界面

7.7.5　修改文件 callMySecondFun.wxml

修改文件 callMySecondFun.wxml,文件 callMySecondFun.wxml 修改后的代码如例 7-14 所示。

【例 7-14】　文件 callMySecondFun.wxml 修改后的代码示例。

```
<!-- pages/callMySecondFun/callMySecondFun.wxml -->
<text>pages/callMySecondFun/callMySecondFun.wxml</text>
<button type="primary" bindtap="callfirstfun">通过 mysecondfun 间接调用 myfirstfun
</button>
<button type="primary" bindtap="callfirstfunpromise">Promise 方式间接调用云 myfirstfun
</button>
<button type="primary" bindtap="callsubmath">通过 mysecondfun 间接调用 subMath</button>
<button type="primary" bindtap="callsubmathpromise">Promise 方式间接调用云 subMath
</button>
<button type="primary" bindtap="callasyncfun">通过 mysecondfun 间接调用 asyncFunctionEx
</button>
<button type="primary" bindtap="callasyncfunpromise">Promise 方式间接调用云 asyncFunctionEx
</button>
```

7.7.6　修改文件 callMySecondFun.js

修改文件 callMySecondFun.js,文件 callMySecondFun.js 修改后的代码如例 7-15 所示。

【例7-15】 文件callMySecondFun.js修改后的代码示例。

```js
//pages/callMySecondFun/callMySecondFun.js
Page({
  data: {
    x: 9,
    y: 7
  },
  callfirstfun: function() {
    wx.cloud.callFunction({
      //云函数名称
      name: 'mysecondfun',
      //传给云函数的参数
      data: {
        x: this.data.x,
        y: this.data.y,
      },
      success: function(res) {
        console.log(res.result.r1)
      },
      fail: console.error
    })
  },
  callfirstfunpromise: function() {
    wx.cloud.callFunction({
      name: 'mysecondfun',
      data: {
        x: this.data.x,
        y: this.data.y,
      }
    }).then(res => {
      console.log(res.result.r1)
    }).catch(err => {})
  },
  callsubmath: function() {
    wx.cloud.callFunction({
      name: 'mysecondfun',
      data: {
        x: this.data.x,
        y: this.data.y,
      },
      success: function(res) {
        console.log(res.result.r2)
      },
      fail: console.error
    })
  },
  callsubmathpromise: function() {
    wx.cloud.callFunction({
      name: 'mysecondfun',
      data: {
        x: this.data.x,
        y: this.data.y,
```

```
        }
      }).then(res => {
        console.log(res.result.r2)
      }).catch(err => {})
    },
    callasyncfun: function() {
      wx.cloud.callFunction({
        name: 'mysecondfun',
        data: {
          x: this.data.x,
          y: this.data.y,
        },
        success: function(res) {
          console.log(res.result.r3)
        },
        fail: console.error
      })
    },
    callasyncfunpromise: function() {
      wx.cloud.callFunction({
        name: 'mysecondfun',
        data: {
          x: this.data.x,
          y: this.data.y,
        }
      }).then(res => {
        console.log(res.result.r3)
      }).catch(err => {})
    }
  })
```

7.7.7 运行程序

编译程序,模拟器中的输出结果如图 7-21 所示。从顶部向底部依次单击图 7-21 中的 6 个按钮,控制台中的输出结果如图 7-22 所示。

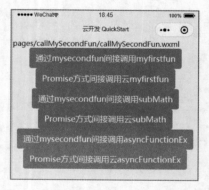

图 7-21　编译程序后模拟器中的输出结果

63
63
2
2
27
27

图 7-22　从顶部向底部依次单击图 7-21 中的 6 个按钮后控制台中的输出结果

7.8　云函数高级日志的使用

7.8.1　API 说明和辅助工作

视频讲解

log()方法都接收一个对象,对象的每个＜key,value＞对都会作为日志一条记录的一个可检索的键值对。

在 7.7 节项目 secondcloud 的基础上继续后续的开发。

7.8.2　实现云函数 myuseloggerfun

按照 7.3 节的步骤实现云函数 myuseloggerfun,修改后的 index.js 文件代码如例 7-16 所示。

【例 7-16】　云函数 myuseloggerfun 修改后的文件 index.js 代码示例。

```
const cloud = require('wx-server-sdk')
cloud.init()
exports.main = async(event, context) => {
  const wxContext = cloud.getWXContext()
  const log = cloud.logger().log
  return {
    log,
    event,
    openid: wxContext.OPENID,
    appid: wxContext.APPID,
    unionid: wxContext.UNIONID,
  }
}
```

7.8.3　本地调试云函数 myuseloggerfun

按照 7.3 节的步骤对云函数 myuseloggerfun 进行本地调试,无参数,结果如图 7-23 所示。

图 7-23 对云函数 myuseloggerfun 进行本地调试的结果

习题 7

简答题

1. 简述对云端初始化的理解。
2. 简述对常量 DYNAMIC_CURRENT_ENV 的理解。
3. 简述对工具类 getWXContext() 和 logger() 方法的理解。
4. 简述对在微信开发者工具中管理云函数的理解。
5. 简述对本地调试云函数的理解。

实验题

1. 结合 Node.js 语法设计一个实例，实现 Node.js 的应用开发。
2. 完成云函数的实现与本地调试。
3. 完成云函数上传并部署到云端和小程序端调用。
4. 完成同步、下载云函数并在小程序端调用。
5. 实现云函数中异步操作。
6. 实现云函数调用其他云函数。
7. 实现云函数高级日志的应用开发。

第8章

云开发中服务端存储开发

本章介绍服务端上传文件、下载文件、删除文件、取临时链接、函数调用云函数的应用开发。因此本章的 API 主要是服务端 API。

8.1 在服务端上传文件

8.1.1 API 说明

视频讲解

cloud.uploadFile()将本地资源上传至云存储空间,如果上传到某个已有内容的路径则新上传的内容会覆盖原来的内容。它的请求参数信息如表 8-1 所示。Promise 返回结果信息如表 8-2 所示。错误返回参数信息如表 8-3 所示。

表 8-1 cloud.uploadFile()请求参数信息

字 段	说 明	数据类型	必 填
cloudPath	云存储路径,命名限制见文件名命名限制	String	是
fileContent	要上传文件的内容	Buffer 或 fs.ReadStream	是

表 8-2 Promise 返回结果信息

字 段	说 明	数据类型
fileID	文件 ID	String
statusCode	服务器返回的 HTTP 状态码	Number

表 8-3 错误返回参数信息

字 段	说 明	数据类型
errCode	错误码	Number
errMsg	错误信息,格式为 apiName:fail msg	String

在云函数执行过程中,通过_dirname 可获取当前云函数的根目录(用户代码目录),如果有随云函数打包上传的资源文件,可以通过_dirname 加相对路径引用获取。

8.1.2 实现云函数 myuploadfilefun

在 7.7 节项目 secondcloud 的基础上继续后续的开发。
按照 7.3 节的步骤实现云函数 myuploadfilefun,修改后的 index.js 文件代码如例 8-1 所示。
【例 8-1】 云函数 myuploadfilefun 修改后的文件 index.js 代码示例。

```
const cloud = require('wx-server-sdk')
cloud.init()
const fs = require('fs')
const path = require('path')
exports.main = async (event, context) => {
  const fileStream = fs.createReadStream(path.join(__dirname, 'demo.jpg'))
  return await cloud.uploadFile({
    cloudPath: 'demo.jpg',
    fileContent: fileStream,
  })
}
```

8.1.3 辅助工作与本地测试

在 6.2.2 节环境 learnwxbookscode(环境 ID 为 learnwxbookscode-wsd001)的默认目录 6c65-learnwxbookscode-wsd001-1253682497 下创建文件夹 testcloudstorage 继续开发。
准备一个图片文件 demo.jpg 复制到云函数 myuploadfilefun 目录下。
按照 7.3 节的方法对云函数进行测试,结果如图 8-1 所示。

图 8-1 云函数 myuploadfilefun 的本地调试的结果

8.2 在服务端下载文件

8.2.1 API说明

视频讲解

cloud.downloadFile()从云存储空间下载文件。它的请求参数信息如表 8-4 所示。Promise 返回结果信息如表 8-5 所示。错误返回参数信息如表 8-6 所示。

表 8-4 cloud.downloadFile()请求参数信息

字 段	说 明	数 据 类 型	必 填
fileID	云文件 ID	String	是

表 8-5 Promise 返回结果信息

字 段	说 明	数 据 类 型
fileContent	要上传文件的内容	Buffer
statusCode	服务器返回的 HTTP 状态码	Number

表 8-6 错误返回参数信息

字 段	说 明	数 据 类 型
errCode	错误码	Number
errMsg	错误信息,格式 apiName:fail msg	String

8.2.2 实现云函数 mydownloadfilefun

在 8.1 节项目 secondcloud 和文件夹 testcloudstorage 及其中文件的基础上继续后续的开发。

按照 7.3 节的步骤实现云函数 mydownloadfilefun,修改后的 index.js 文件代码如例 8-2 所示。

【例 8-2】 云函数 mydownloadfilefun 修改后的文件 index.js 代码示例。

```
const cloud = require('wx-server-sdk')
cloud.init()
exports.main = async (event, context) => {
  const fileID = 'cloud://learnwxbookscode-wsd001.6c65-learnwxbookscode-wsd001-1253682497/testcloudstorage/2.jpg'
  const res = await cloud.downloadFile({
    fileID: fileID,
  })
  return res
}
```

按照 7.3 节的方法对云函数进行测试,结果与图 8-1 类似。

8.3 在服务端删除文件

8.3.1 API说明

视频讲解

可以通过cloud.deleteFile()从云存储空间删除文件，一次最多删除50个文件。它的请求参数信息如表8-7所示。Promise返回参数fileList是删除结果列表，列表中的每个对象的定义信息如表8-8所示，列表类型为Object[]。错误返回参数信息如表8-9所示。

表8-7 cloud.deleteFile()请求参数信息

字 段	说 明	数 据 类 型	必 填
fileList	文件ID字符串数组	String[]	是

表8-8 参数fileList信息

字 段	说 明	数 据 类 型
fileID	文件ID	String
status	状态码，0为成功	Number
errMsg	成功为ok，失败为失败原因	String

表8-9 错误返回参数信息

字 段	说 明	数 据 类 型
errCode	错误码	Number
errMsg	错误信息，格式为apiName:fail msg	String

8.3.2 实现云函数mydeletefilefun

在8.2节项目secondcloud的基础上继续后续的开发。

按照7.3节的步骤实现云函数mydeletefilefun，修改后的index.js文件代码如例8-3所示。

【例8-3】 云函数mydeletefilefun修改后的文件index.js代码示例。

```
const cloud = require('wx-server-sdk')
cloud.init()
exports.main = async (event, context) => {
  const fileIDs = ['cloud://learnwxbookscode-wsd001.6c65-learnwxbookscode-wsd001-1253682497/demo.jpg']
  const result = await cloud.deleteFile({
    fileList: fileIDs,
  })
  return result.fileList
}
```

8.3.3 辅助工作与本地测试

在 6.2.2 节环境 learnwxbookscode（环境 ID 为 learnwxbookscode-wsd001）的默认目录 6c65-learnwxbookscode-wsd001-1253682497 下创建文件夹 testcloudstorage 继续开发。

按照 7.3 节的方法对云函数 mydeletefilefun 进行测试，结果如图 8-2 所示。

图 8-2 云函数 mydeletefilefun 的本地调试结果

8.4 在服务端换取临时链接

8.4.1 API 说明

视频讲解

cloud.getTempFileURL()用文件 ID 换取临时链接，可自定义有效期，有效期默认取值为一天且最大不超过一天。一次最多换取 50 个临时链接。它的请求参数信息如表 8-10 所示。Promise 返回参数 fileList 是文件列表，fileList 数组中的每一个元素是一个云文件 fileID，列表中的每个对象的定义信息如表 8-11 所示，列表类型为 Object[]。fail 返回参数信息如表 8-12 所示。

表 8-10 cloud.getTempFileURL()请求参数信息

字 段	说　　明	数 据 类 型	必 填
fileList	要换取临时链接的云文件 ID 列表	String[]	是

表 8-11 参数 fileList 信息

字 段	说 明	数 据 类 型
fileID	文件 ID	String
tempFileURL	临时文件路径	String
status	状态码,0 为成功	Number
errMsg	成功为 ok,失败为失败原因	String

表 8-12 fail 返回参数信息

字 段	说 明	数 据 类 型
errCode	错误码	Number
errMsg	错误信息,格式为 apiName:fail msg	String

8.4.2 实现云函数 mygettempfileurlfun

在 8.3 节项目 secondcloud 的基础上继续后续的开发。

按照 7.3 节的步骤实现云函数 mygettempfileurlfun,修改后的 index.js 文件代码如例 8-4 所示。

【例 8-4】 云函数 mygettempfileurlfun 修改后的文件 index.js 代码示例。

```
const cloud = require('wx-server-sdk')
cloud.init()
exports.main = async (event, context) => {
  const fileList = ['cloud://learnwxbookscode-wsd001.6c65-learnwxbookscode-wsd001-1253682497/demo.jpg']
  const result = await cloud.getTempFileURL({
    fileList: fileList,
  })
  return result.fileList
}
```

8.4.3 辅助工作与本地测试

在 6.2.2 节环境 learnwxbookscode(环境 ID 为 learnwxbookscode-wsd001)的默认目录 6c65-learnwxbookscode-wsd001-1253682497 下创建文件夹 testcloudstorage 继续开发。

按照 7.3 节的方法对云函数 mygettempfileurlfun 进行测试,结果如图 8-3 所示。

图 8-3 云函数 mygettempfileurlfun 的本地调试结果

8.5 服务端函数调用云函数

8.5.1 实现云函数 mythirdfun

视频讲解

在 8.4 节项目 secondcloud 的基础上继续后续的开发。

按照 7.3 节的步骤实现云函数 mythirdfun，修改后的 index.js 文件代码如例 8-5 所示。

【例 8-5】 云函数 mythirdfun 修改后的文件 index.js 代码示例。

```
const cloud = require('wx-server-sdk')
cloud.init()
exports.main = async (event, context) => {
  const wxContext = cloud.getWXContext()
  const res1 = await cloud.callFunction({
    name: 'myuploadfilefun',
  })
  const res2 = await cloud.callFunction({
    name: 'mygettempfileurlfun',
  })
  const res3 = await cloud.callFunction({
    name: 'mydeletefilefun',
  })
  return {
    res1,
    res2,
    res3
  }
}
```

8.5.2 辅助工作与本地测试

在 6.2.2 节环境 learnwxbookscode（环境 ID 为 learnwxbookscode-wsd001）的默认目录 6c65-learnwxbookscode-wsd001-1253682497 下创建文件夹 testcloudstorage 继续开发。

按照 7.3 节的方法对云函数 mythirdfun 进行测试，结果如图 8-4 所示。

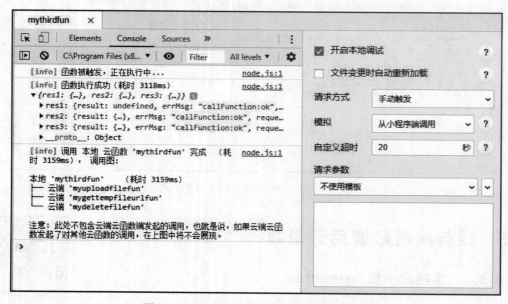

图 8-4 云函数 mythirdfun 的本地调试结果

习题 8

实验题

1. 实现服务端上传文件的应用开发。
2. 实现服务端下载文件的应用开发。
3. 实现服务端删除文件的应用开发。
4. 实现服务端换取临时链接的应用开发。
5. 实现服务端函数调用云函数的应用开发。

第9章 云开发中服务端数据库开发

本章介绍服务端调用、数据库服务端 API 的特点、触发网络请求的 API、针对 collection 的服务端 API 的说明和应用开发、针对 doc 的服务端 API 的说明和应用开发、服务端正则表达式的应用开发、服务端 API 中 serverDate 的说明和应用开发、服务端 Geo 对象的应用开发、针对 command 的服务端 API 的说明和应用开发、服务端 createCollection() 方法的应用开发、针对集合的服务端 API 的应用开发等内容。因此本章的 API 主要是服务端 API。

9.1 相关说明

9.1.1 服务端调用

使用方式如下所述。

1. 查看服务端接口是否支持云调用

在服务端接口列表中罗列了所有的服务端接口,如果接口支持云调用,则在接口名称旁会带有云调用的标签。同时,在每个服务端接口文档中,如果接口支持云调用,则也会有专门的支持说明以及相应的使用文档。

2. 查看接口的云调用文档

在支持云调用的接口文档中,会分别列出 HTTPS 调用的文档及云调用的文档,云调用文档同 HTTPS 调用文档一样包含请求参数、返回值及示例。

3. 为云函数声明所需调用的接口

每个云函数需要声明其会使用到的接口,否则无法调用,声明的方法是在云函数目录下的配置文件 config.json(如无须新建)的 permissions.openapi 字段中增加要调用的接口名,permissions.openapi 是一个字符串数组字段,值必须为所需要调用的服务端接口名称。在每次使用微信开发者工具上传云函数时均会根据配置更新权限,该配置有 10min 的缓存,如果更新后提示没有权限,则稍等 10min 后再试。

9.1.2 数据库服务端 API 的特点

服务端的 API 与小程序端基本保持一致,有如下不同。
(1) 服务 API 不再接收回调(success,fail,complete),统一返回 Promise。
(2) 服务端有批量写和批量删除的权限,即可在集合或查询语句上调用 update 或 remove。
(3) 服务端独有 API 如创建集合(db.createCollection)。

数据库 API 都是懒执行的,这意味着只有真实需要网络请求的 API 调用才会发起网络请求,其余如获取数据库、集合、记录(doc)的引用、在集合上构造查询条件等都是不会触发网络请求的。

获取引用的 API 有 database、collection 和 doc。database 获取数据库引用,返回 Database 对象。collection 获取集合引用,返回 Collection 对象。doc 获取对一条记录的引用,返回 Document 对象。

9.1.3 数据库触发网络请求的 API

请求表示链式调用终结,数据库触发网络触发网络请求的 API 信息如表 9-1 所示。

表 9-1 数据库触发网络触发网络请求的 API 信息

API	说明	API	说明
get	获取集合/记录数据	set	替换更新一条记录
add	在集合上新增记录	remove	删除记录
update	更新集合/记录数据	count	统计查询语句对应的记录条数

9.2 针对 collection 的服务端 API 的说明和应用开发

9.2.1 get() 方法的说明和应用开发

get() 方法获取集合数据,或获取根据查询条件筛选后的集合数据。如果没有指定 limit() 方法,则默认最多取 20 条记录。如果没有指定 skip() 方法,则默认从第 0 条记录开始取,skip() 方法常用于分页。

按照 7.3 节的方法(为了节省篇幅,后面章节将不再指出此方法,默认都是使用此方法),实现云函数 getdbinfofun,修改后的文件 index.js 代码如例 9-1 所示。

【例 9-1】 云函数 getdbinfofun 修改后的文件 index.js 代码示例。

```
const cloud = require('wx-server-sdk')
cloud.init({
})
```

```
const testDB = cloud.database()
exports.main = async(event, context) => {
  try {
    return await testDB.collection('books').doc('testbookinfo').get()
  } catch (e) {
    console.error(e)
  }
}
```

云函数 getdbinfofun 的本地调试情况如图 9-1 所示。

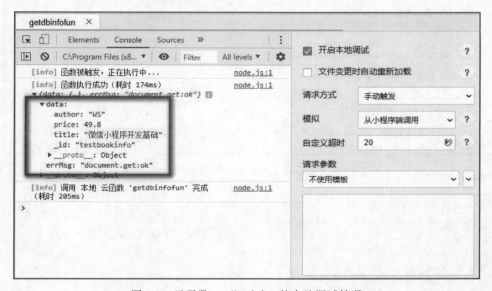

图 9-1　云函数 getdbinfofun 的本地调试情况

实现云函数 getdocsfun，修改后的文件 index.js 代码如例 9-2 所示。

【例 9-2】　云函数 getdocsfun 修改后的文件 index.js 代码示例。

```
const cloud = require('wx-server-sdk')
cloud.init()
db = cloud.database()
exports.main = async (event, context) => {
  return await db.collection('todos').where({
    _openid: 'oHmb80Bf7vaqwlyQaLTCfOlgOVlI'
  }).get()
}
```

云函数 getdocsfun 的本地调试情况如图 9-2 所示。

实现云函数 getdocsbypagefun，修改后的文件 index.js 代码如例 9-3 所示。

【例 9-3】　云函数 getdocsbypagefun 修改后的文件 index.js 代码示例。

```
const cloud = require('wx-server-sdk')
cloud.init()
const db = cloud.database()
```

图 9-2　云函数 getdocsfun 的本地调试情况

```
exports.main = async (event, context) => {
return await db.collection('mpcloudbook')
.skip(5)           //跳过结果集中的前 5 条记录,从第 6 条记录开始返回结果
.limit(5)          //限制返回记录数量不超过 5 条
.get()
}
```

云函数 getdocsbypagefun 的本地调试情况如图 9-3 所示。

图 9-3　云函数 getdocsbypagefun 的本地调试情况

实现云函数 getdocsbycountfun，修改后的文件 index.js 代码如例 9-4 所示。

【例 9-4】 云函数 getdocsbycountfun 修改后的文件 index.js 代码示例。

```
const cloud = require('wx-server-sdk')
cloud.init()
const db = cloud.database()
const MAX_LIMIT = 100
exports.main = async(event, context) => {
  //先取出集合记录总数
  const countResult = await db.collection('mpcloudbook').count()
  const total = countResult.total
  //计算需分几次取
  const batchTimes = Math.ceil(total / 100)
  //承载所有读操作的 Promise 的数组
  const tasks = []
  for (let i = 0; i < batchTimes; i++) {
    const promise = db.collection('mpcloudbook').skip(i * MAX_LIMIT).limit(MAX_LIMIT).get()
    tasks.push(promise)
  }
  //等待所有任务完成
  return (await Promise.all(tasks)).reduce((acc, cur) => {
    return {
      data: acc.data.concat(cur.data),
      errMsg: acc.errMsg,
    }
  })
}
```

云函数 getdocsbycountfun 的本地调试情况如图 9-4 所示。

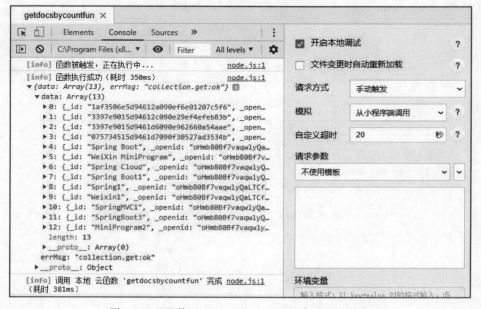

图 9-4　云函数 getdocsbycountfun 的本地调试情况

9.2.2　add()方法的说明和应用开发

add()方法在集合上新增记录。

实现云函数adddoctocollectionfun，修改后的文件index.js代码如例9-5所示。

【例9-5】　云函数adddoctocollectionfun修改后的文件index.js代码示例。

```javascript
const cloud = require('wx-server-sdk')
cloud.init({
  env: cloud.DYNAMIC_CURRENT_ENV
})
const db = cloud.database()
exports.main = async(event, context) => {
  try {
    return await db.collection('mpcloudbook').add({
      //data 字段表示需新增的 JSON 数据
      data: {
        //_id: 'todo-identifiant-aleatoire-3',      //数据库自动分配也可自定义
        title: "微信小程序开发基础",
        description: "对微信小程序开发进行入门性、基础介绍.",
        author: "woodstone",
        publishDate: new Date("2018-09-01"),
        topics: [
          "mini program",
          "database",
          "spring boot"
        ],
        //徐州地理位置(117°E,34°N)
        location: new db.Geo.Point(117, 34),
        //是否已经出版
        published: true
      }
    })
  } catch (e) {
    console.error(e)
  }
}
```

云函数adddoctocollectionfun的本地调试情况如图9-5所示。

图9-5　云函数adddoctocollectionfun的本地调试情况

9.2.3 update()方法的说明和应用开发

update()方法更新多条记录。

实现云函数 updatedocsfun，修改后的文件 index.js 代码如例 9-6 所示。

【例 9-6】 云函数 updatedocsfun 修改后的文件 index.js 代码示例。

```
const cloud = require('wx-server-sdk')
cloud.init()
const db = cloud.database()
const _ = db.command
exports.main = async(event, context) => {
  try {
    return await db.collection('mpcloudbook').where({
        published: true
    })
      .update({
        data: {
          price: _.inc(10)
        },
      })
  } catch (e) {
    console.error(e)
  }
}
```

云函数 updatedocsfun 的本地调试情况如图 9-6 所示。

图 9-6　云函数 updatedocsfun 的本地调试情况

9.2.4 remove()方法的说明和应用开发

remove()方法删除多条记录。注意,remove()方法只支持通过匹配 where 语句来删除,不支持 skip()和 limit()。

实现云函数 removedocfun,修改后的文件 index.js 代码如例 9-7 所示。

【例 9-7】 云函数 removedocfun 修改后的文件 index.js 代码示例。

```
const cloud = require('wx-server-sdk')
cloud.init()
const db = cloud.database()
exports.main = async (event, context) => {
  try {
    return await db.collection('todos').where({
      _id: "9b022f58-4979-49f7-a614-2df2c52b9e7f"
    }).remove()
  } catch (e) {
    console.error(e)
  }
}
```

云函数 removedocfun 的本地调试情况如图 9-7 所示。对比图 9-1～图 9-6 可以发现,本地调试这些云函数时不需要用到请求参数(即测试数据),为了节省篇幅,从图 9-7 开始截图时不再截取请求参数的信息。如无特别说明,均指不需要用到参数。

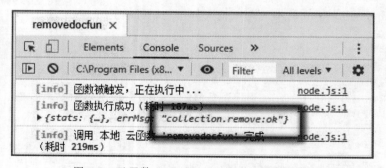

图 9-7　云函数 removedocfun 的本地调试情况

9.2.5 count()方法的说明和应用开发

count()方法统计集合记录数或统计查询语句对应的结果记录数,因为云函数端属于管理端,因此可以统计所有集合的记录数。但是,在小程序端进行统计 count 的前提是对数据有访问权限。

实现云函数 countdocsfun,修改后的文件 index.js 代码如例 9-8 所示。

【例 9-8】 云函数 countdocsfun 修改后的文件 index.js 代码示例。

```
const cloud = require('wx-server-sdk')
cloud.init()
const db = cloud.database()
exports.main = async (event, context) => {
  return await db.collection('mpcloudbook').where({
    _openid: 'oHmb80Bf7vaqwlyQaLTCfOlgOVlI'           //输入当前用户 openid
  }).count()
}
```

云函数 countdocsfun 的本地调试情况如图 9-8 所示。

图 9-8　云函数 countdocsfun 的本地调试情况

9.2.6　orderBy()方法的说明和应用开发

orderBy()方法指定查询排序条件。该方法接收一个必填字符串参数 fieldName 用于定义需要排序的字段，一个字符串参数 order 定义排序顺序。order 只能取 asc 或 desc。同时也支持按多个字段排序，多次调用 orderBy()即可，多字段排序时的顺序会按照 orderBy()调用顺序先后对多个字段排序。

实现云函数 orderbyonefieldfun，修改后的文件 index.js 代码如例 9-9 所示。

【例 9-9】　云函数 orderbyonefieldfun 修改后的文件 index.js 代码示例。

```
const cloud = require('wx-server-sdk')
cloud.init()
const db = cloud.database()
exports.main = async(event, context) => {
  const res1 = await db.collection('mpcloudbook')
    .orderBy('price', 'asc').get()
  const res2 = await db.collection('mpcloudbook')
    .orderBy('price', 'desc').orderBy('description', 'asc').get()
  return {
    res1,
    res2
  }
}
```

云函数 orderbyonefieldfun 的本地调试情况如图 9-9 所示。

图 9-9 云函数 orderbyonefieldfun 的本地调试情况

9.2.7 field()方法的说明和应用开发

field()方法指定返回结果中记录需要返回的字段,方法接收一个必填对象用于指定需要返回的字段,对象的各个 key 表示要返回或不要返回的字段,value 传入 true 或 false(或者 1、-1)表示要返回还是不要返回。

实现云函数 fieldsviewofdocsfun,修改后的文件 index.js 代码如例 9-10 所示。

【例 9-10】 云函数 fieldsviewofdocsfun 修改后的文件 index.js 代码示例。

```
const cloud = require('wx-server-sdk')
cloud.init()
const db = cloud.database()
exports.main = async(event, context) => {
  try {
    return await db.collection('mpcloudbook').field({
      published: true,
      description: true,
      price: true
    }).get()
  } catch (e) {
    console.error(e)
  }
}
```

云函数 fieldsviewofdocsfun 的本地调试情况如图 9-10 所示。

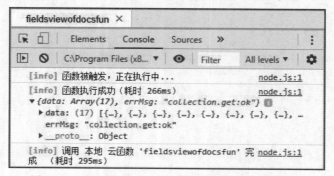

图 9-10 云函数 fieldsviewofdocsfun 的本地调试情况

9.3 针对 doc 的服务端 API 的说明和应用开发

9.3.1 针对 doc 的服务端 API 的说明

视频讲解

doc 的 get()方法获取记录数据,或获取根据查询条件筛选后的记录数据。

update()方法更新一条记录。

set()方法替换更新一条记录。

remove()方法删除一条记录。

9.3.2 实现云函数 docsmethodsAPIfun

实现云函数 docsmethodsAPIfun,该函数调用了 doc 的 4 个方法。修改后的文件 index.js 代码如例 9-11 所示。

【例 9-11】 云函数 docsmethodsAPIfun 修改后的文件 index.js 代码示例。

```
const cloud = require('wx-server-sdk')
cloud.init()
const db = cloud.database()
exports.main = async(event, context) => {
  try {
    const resgetapi = await db.collection('todos').doc('todo-identifiant-aleatoire').get()
    const resupdateapi = await db.collection('todos').doc('todo-identifiant-aleatoire').update({
      data: {
        done: true
      }
    })
    const ressetapi = await db.collection('todos').doc('todo-identifiant-aleatoire').set({
      data: {
        description: "learn cloud database",
        due: new Date("2018-09-01"),
        tags: [
          "cloud",
          "database"
        ],
        style: {
          color: "skyblue"
        },
        location: new db.Geo.Point(113, 23),
        done: false
      }
    })
    const resremoveapi = await db.collection('todos').doc('3397e9015d908f3207083249631cf6d5').remove()
    return {
```

```
        resgetapi,
        resupdateapi,
        ressetapi,
        resremoveapi,
      }
   } catch (e) {
      console.error(e)
   }
}
```

9.3.3 本地调试云函数 docsmethodsAPIfun

云函数 docsmethodsAPIfun 的本地调试情况如图 9-11 所示。

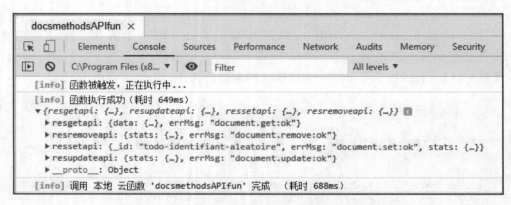

图 9-11　云函数 docsmethodsAPIfun 的本地调试情况

9.4　服务端正则表达式的应用开发

9.4.1　实现云函数 dbregexfun

视频讲解

实现云函数 dbregexfun，修改后的文件 index.js 代码如例 9-12 所示。

【例 9-12】　云函数 dbregexfun 修改后的文件 index.js 代码示例。

```
const cloud = require('wx-server-sdk')
cloud.init()
const db = cloud.database()
exports.main = async (event, context) => {
  const resnativeJS = await db.collection('todos').where({
      description: /miniprogram/i
  }).get()
  const resdbregexp = await db.collection('todos').where({
      description: db.RegExp({
          regexp: 'miniprogram',
```

```
      options: 'i',
    })
  }).get()
  const resnewcon = await db.collection('todos').where({
    description: new db.RegExp({
      regexp: 'miniprogram',
      options: 'i',
    })
  }).get()
  return {
    resnativeJS,
    resdbregexp,
    resnewcon
  }
```

9.4.2 本地调试云函数 dbregexfun

云函数 dbregexfun 的本地调试情况如图 9-12 所示。

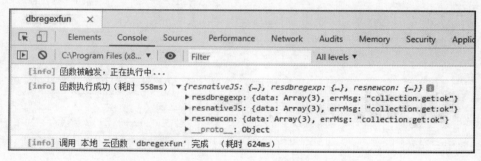

图 9-12 云函数 dbregexfun 的本地调试情况

9.5 服务端 API 中 serverDate()方法的说明和应用开发

视频讲解

9.5.1 服务端 API 中 serverDate()方法的说明

serverDate()方法构造一个服务端时间的引用,可用于查询条件、更新字段值或新增记录时的字段值。该方法接收一个可选对象参数 options,其 Number 类型字段 offset 表示引用的服务端时间偏移量,单位为毫秒,可以是正数或负数。

9.5.2 实现云函数 serverdatefun

实现云函数 serverdatefun,修改后的文件 index.js 代码如例 9-13 所示。
【例 9-13】 云函数 serverdatefun 修改后的文件 index.js 代码示例。

```
const cloud = require('wx-server-sdk')
cloud.init()
const db = cloud.database()
exports.main = async(event, context) => {
  try {
    const resadd = await db.collection('todos').add({
      data: {
        description: 'Go shopping',
        createTime: db.serverDate()
      }
    })
    const resupdate = await db.collection('todos').doc('f885cb355d908b65070629d6294415a5').update({
      data: {
        due: db.serverDate({
          offset: 60 * 60 * 1000
        })
      }
    })
    return {
      resadd,
      resupdate
    }
  } catch (e) {
    console.error(e)
  }
}
```

9.5.3 本地调试云函数 serverdatefun

云函数 serverdatefun 的本地调试情况如图 9-13 所示。

图 9-13 云函数 serverdatefun 的本地调试情况

9.6　服务端 Geo 对象的应用开发

9.6.1　实现云函数 dbgeoobjfun

视频讲解

实现云函数 dbgeoobjfun，该函数调用了不同类型的 Geo。修改后的文件 index.js 代码如例 9-14 所示。

【例 9-14】 云函数 dbgeoobjfun 修改后的文件 index.js 代码示例。

```
const cloud = require('wx-server-sdk')
cloud.init()
const db = cloud.database()
const { MultiLineString, MultiPolygon, Polygon, LineString, Point } = db.Geo
exports.main = async (event, context) => {
  const respoint = await db.collection('todos').add({
    data: {
      description: 'eat an apple',
      location: db.Geo.Point(113, 23)
    }
  })
  const respointJSON = await await db.collection('todos').add({
    data: {
      description: 'eat an apple',
      location: {
        type: 'Point',
        coordinates: [113, 23]
      }
    }
  })
  const resline = await db.collection('todos').add({
    data: {
      description: 'eat an apple',
      location: db.Geo.LineString([
        db.Geo.Point(113, 23),
        db.Geo.Point(120, 50),
        //... 可选更多点
      ])
    }
  })
  const reslineJSON = await db.collection('todos').add({
    data: {
      description: 'eat an apple',
      location: {
        type: 'LineString',
        coordinates: [
          [113, 23],
          [120, 50]
        ]
```

```js
      }
    }
  })
  const respoly = await db.collection('todos').add({
    data: {
      description: 'eat an apple',
      location: Polygon([
        LineString([
          Point(0, 0),
          Point(3, 2),
          Point(2, 3),
          Point(0, 0)
        ])
      ])
    }
  })
  const respolyMul =   await db.collection('todos').add({
    data: {
      description: 'eat an apple',
      location: Polygon([
        //外环
        LineString([Point(0, 0), Point(30, 20), Point(20, 30), Point(0, 0)]),
        //内环
        LineString([Point(10, 10), Point(16, 14), Point(14, 16), Point(10, 10)])
      ])
    }
  })
  const respolyJSON = await db.collection('todos').add({
    data: {
      description: 'eat an apple',
      location: {
        type: 'Polygon',
        coordinates: [
          [[0, 0], [30, 20], [20, 30], [0, 0]],
          [[10, 10], [16, 14], [14, 16], [10, 10]]
        ]
      }
    }
  })
  const resMultiPoint =   await db.collection('todos').add({
    data: {
      description: 'eat an apple',
      location: db.Geo.MultiPoint([
        db.Geo.Point(113, 23),
        db.Geo.Point(120, 50),
        //... 可选更多点
      ])
    }
  })
```

```js
const resMultiPointJSON = await db.collection('todos').add({
  data: {
    description: 'eat an apple',
    location: {
      type: 'MultiPoint',
      coordinates: [
        [113, 23],
        [120, 50]
      ]
    }
  }
})
const resMultiLine = await db.collection('todos').add({
  data: {
    description: 'eat an apple',
    location: MultiLineString([
      LineString([Point(0, 0), Point(30, 20), Point(20, 30), Point(0, 0)]),
      LineString([Point(10, 10), Point(16, 14), Point(14, 16), Point(10, 10)])
    ])
  }
})
const resMultiLineJSON = await db.collection('todos').add({
  data: {
    description: 'eat an apple',
    location: {
      type: 'MultiLineString',
      coordinates: [
        [[0, 0], [3, 3]],
        [[5, 10], [20, 30]]
      ]
    }
  }
})
const resMultiPoly = await db.collection('todos').add({
  data: {
    description: 'eat an apple',
    location: MultiPolygon([
      Polygon([
        LineString([Point(50, 50), Point(60, 80), Point(80, 60), Point(50, 50)]),
      ]),
      Polygon([
        LineString([Point(0, 0), Point(30, 20), Point(20, 30), Point(0, 0)]),
        LineString([Point(10, 10), Point(16, 14), Point(14, 16), Point(10, 10)])
      ]),
    ])
  }
})
const resMultiPolyJSON = await db.collection('todos').add({
  data: {
```

```
          description: 'eat an apple',
          location: {
            type: 'MultiPolygon',
            coordinates: [
              [
                [[50, 50], [60, 80], [80, 60], [50, 50]]
              ],
              [
                [[0, 0], [30, 20], [20, 30], [0, 0]],
                [[10, 10], [16, 14], [14, 16], [10, 10]]
              ]
            ]
          }
        })
        return {
          respoint, respointJSON, resline, reslineJSON,
          respoly, respolyJSON, respolyMul, resMultiPoint, resMultiPointJSON,
          resMultiLine, resMultiLineJSON, resMultiPoly, resMultiPolyJSON
        }
      }
```

9.6.2 本地调试云函数 dbgeoobjfun

云函数 dbgeoobjfun 的本地调试情况如图 9-14 所示。

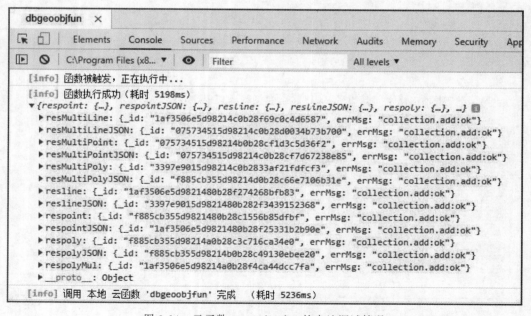

图 9-14 云函数 serverdatefun 的本地调试情况

9.7 针对 command 的服务端 API 的说明和应用开发

视频讲解

9.7.1 针对 command 的服务端 API 的说明

Command(db.command)对象上有查询指令、更新指令。查询指令分为比较指令和逻辑指令；更新指令分为更新普通字段的指令和更新数组的指令。

比较指令包括 eq(字段是否等于指定值)、neq(字段是否不等于指定值)、lt(字段是否小于指定值)、lte(字段是否小于或等于指定值)、gt(字段是否大于指定值)、gte(字段是否大于或等于指定值)、in(字段值是否在指定数组中)、nin(字段值是否不在指定数组中)等指令。

逻辑指令包括 and(条件与)、or(条件或)、nor(表示需所有条件都不满足)、not(条件非，表示对给定条件取反)等指令。

更新普通字段的指令包括 set(设置字段为指定值)、remove(删除字段)、inc(原子操作，自增字段值)、mul(原子操作，自乘字段值)等指令。

更新数组的指令包括 push(往数组尾部增加指定值)、pop(从数组尾部删除一个元素)、shift(从数组头部删除一个元素)、unshift(往数组头部增加指定值)等指令。

9.7.2 实现云函数 dbcommandmethodsfun

实现云函数 dbcommandmethodsfun，该函数调用了 command 中一些指令。修改后的文件 index.js 代码如例 9-15 所示。

【例 9-15】 云函数 dbcommandmethodsfun 修改后的文件 index.js 代码示例。

```
const cloud = require('wx-server-sdk')
cloud.init()
const db = cloud.database()
const _ = db.command
const {
  Point,
  LineString,
  Polygon
} = db.Geo
exports.main = async(event, context) => {
  const resgeoWithin = await db.collection('todos').where({
    _openid: 'oHmb80Bf7vaqwlyQaLTCfOlgOVlI',
    location: _.geoWithin({
      geometry: Polygon([
        LineString([
          Point(0, 0),
          Point(3, 2),
          Point(2, 3),
          Point(0, 0)
        ])
      ]),
```

```js
    })
  }).get()
  const resgeoIntersects = await db.collection('todos').where({
    _openid: _.eq('oHmb80Bf7vaqwlyQaLTCfOlgOVlI'),
    location: _.geoIntersects({
      geometry: Polygon([
        LineString([
          Point(0, 0),
          Point(3, 2),
          Point(2, 3),
          Point(0, 0)
        ])
      ]),
    })
  }).get()
  const respricelt = await db.collection('mpcloudbook').where({
    price: _.lt(50)
  }).get()
  const respricein = await db.collection('mpcloudbook').where({
    price: _.in([10, 49])
  }).get()
  const respriceand = await db.collection('mpcloudbook').where({
    price: _.gt(0).and(_.lt(100))
  }).get()
  const resstyleupdate = await db.collection('todos').doc('todo-identifiant-aleatoire').update({
    data: {
      style: {
        color: 'red'
      }
    }
  })
  const resstyleset = await db.collection('todos').doc('todo-identifiant-aleatoire').update({
    data: {
      style: _.set({
        color: 'red',
        size: 'large'
      })
    }
  })
  const resremove = await db.collection('todos').doc('1af3506e5d908f30070907361de38347').update({
    data: {
      done: _.remove()
    }
  })
  const resmul = await db.collection('todos').doc('"3397e9015d91665007664de462ad8329').update({
    data: {
```

```
      progress: _.mul(2)
    }
  })
  const respush = await db.collection('todos').doc('075734515d908a2d07056aa5637762ca').
update({
    data: {
      tags: _.push(['mini-program', 'cloud'])
    }
  })
  return {
    resgeoWithin,
    resgeoIntersects,
    respricelt,
    respricein,
    respriceand,
    resstyleupdate,
    resstyleset,
    resremove,
    resmul,
    respush
  }
}
```

9.7.3 本地调试云函数 dbcommandmethodsfun

云函数 dbcommandmethodsfun 的本地调试情况如图 9-15 所示。

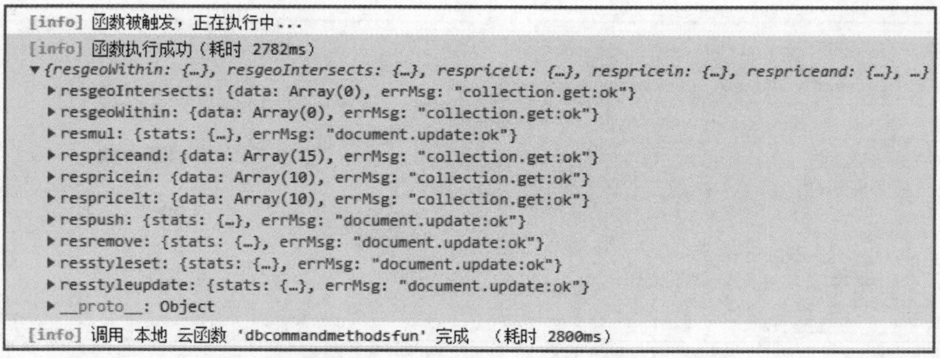

```
[info] 函数被触发，正在执行中...
[info] 函数执行成功（耗时 2782ms）
▼ {resgeoWithin: {...}, resgeoIntersects: {...}, respricelt: {...}, respricein: {...}, respriceand: {...}, ...}
  ▶ resgeoIntersects: {data: Array(0), errMsg: "collection.get:ok"}
  ▶ resgeoWithin: {data: Array(0), errMsg: "collection.get:ok"}
  ▶ resmul: {stats: {...}, errMsg: "document.update:ok"}
  ▶ respriceand: {data: Array(15), errMsg: "collection.get:ok"}
  ▶ respricein: {data: Array(10), errMsg: "collection.get:ok"}
  ▶ respricelt: {data: Array(10), errMsg: "collection.get:ok"}
  ▶ respush: {stats: {...}, errMsg: "document.update:ok"}
  ▶ resremove: {stats: {...}, errMsg: "document.update:ok"}
  ▶ resstyleset: {stats: {...}, errMsg: "document.update:ok"}
  ▶ resstyleupdate: {stats: {...}, errMsg: "document.update:ok"}
  ▶ __proto__: Object
[info] 调用 本地 云函数 'dbcommandmethodsfun' 完成 （耗时 2800ms）
```

图 9-15　云函数 dbcommandmethodsfun 的本地调试情况

9.8　服务端 createCollection() 方法的应用开发

9.8.1　服务端 createCollection() 方法的说明

服务端 Database.createCollection() 方法创建集合，如果集合已经存在则会创建失败。返回值 Promise 包括查询的结果 resolve(结果为 Result) 和失败原因

reject。resolve 查询的结果 Result 是一个仅含 errMsg 的对象。

9.8.2 实现云函数 createcollectionfun

实现云函数 createcollectionfun。修改后的文件 index.js 代码如例 9-16 所示。

【例 9-16】 云函数 createcollectionfun 修改后的文件 index.js 代码示例。

```
const cloud = require('wx-server-sdk')
cloud.init()
const db = cloud.database()
exports.main = async(event, context) => {
  var cname = event.cname
  const ressuccess = await db.createCollection(cname)
  return {
    ressuccess
  }
}
```

9.8.3 本地调试云函数 createcollectionfun

对云函数 createcollectionfun 进行本地调试，输入一个要创建的集合名称的请求参数 cname 的值（为 value），情况如图 9-16 所示。

图 9-16　云函数 createcollectionfun 的本地调试情况

9.9 针对集合的服务端 API 的应用开发

9.9.1 实现云函数 aggregateexfun

实现云函数 aggregateexfun，该函数调用了集合中一些方法。修改后的文件 index.js 代码如例 9-17 所示。

【例 9-17】 云函数 aggregateexfun 修改后的文件 index.js 代码示例。

```
const cloud = require('wx-server-sdk')
cloud.init()
const db = cloud.database()
const $= db.command.aggregate
exports.main = async(event, context) => {
  const ressimple = await db.collection('aggdb').aggregate()
    .project({
      absresult: $.abs($.subtract(['$begin', '$end'])),
      total: $.add(['$begin', '$end']),
      average: $.avg('$price'),
      salesprice: $.ceil('$price'),
      compare: $.cmp(['$begin', '$end']),
      discount: $.cond({
        if: $.gte(['$price', 50]),
        then: 0.7,
        else: 0.95
      }),
      constructdate: $.dateFromParts({
        year: 2019,
        month: 10,
        day: 8,
        hour: 12,
        timezone: 'America/New_York'
      }),
      transferdate: $.dateFromString({
        dateString: "2019-05-14T09:38:51.686Z"
      }),
      km: $.divide(['$begin', 1000]),
      expdelta: $.exp('$delta'),
      orderprice: $.floor('$price'),
      expensive: $.gte(['$price', 50]),
      sqrtresult: $.sqrt([$.add([$.pow(['$begin', 2]), $.pow(['$end', 2])])]),
      points: $.range([0, '$end', 200]),
      fullfilled: $.or([$.lt(['$delta', 5]), $.gt(['$begin', 60])]),
      isAllTrue: $.allElementsTrue(['$tags']),
      dayOfMonth: $.dayOfMonth('$date'),
```

```js
      dayOfWeek: $.dayOfWeek('$date'),
      dayOfYear: $.dayOfYear('$date'),
      description: $.ifNull(['$description', '描述空缺']),
      index: $.indexOfArray(['$tags', 2, 2])
    }).end()
  const resarray = await db.collection('aggdb').aggregate()
    .group({
      _id: 'aggdbcategory',
      newcategories: $.addToSet('$category'),
      tagsList: $.addToSet('$tags'),
    }).end()
  const resstring = await db.collection('aggdb').aggregate()
    .project({
      _id: 'string ex result',
      itskills: $.concat(['$description', ' ', '$category']),
      comercelist: $.concatArrays(['$commerces', '$tags']),
      aStrIndex: $.indexOfBytes(['$description', 'a']),
      foobar: $.mergeObjects(['$foo', '$bar']),
      result: $.toLower('$description')
    }).end()
  const resobject = await db.collection('aggdb').aggregate()
    .project({
      foobar: $.mergeObjects(['$foo', '$bar']),
      arrayfoo: $.objectToArray('$foo')
    }).end()
  const resfields = await db.collection('aggdb').aggregate()
    .addFields({
      totalres: $.add(['$begin', '$delta', '$end'])
    }).end(.)
  const ressample = await db.collection('aggdb').aggregate()
    .sample({
      size: 1
    }).end()
  return {
    ressimple,
    resarray,
    resstring,
    resfields,
    ressample
  }
}
```

9.9.2 本地调试云函数 aggregateexfun

云函数 aggregateexfun 的本地调试情况如图 9-17 所示。

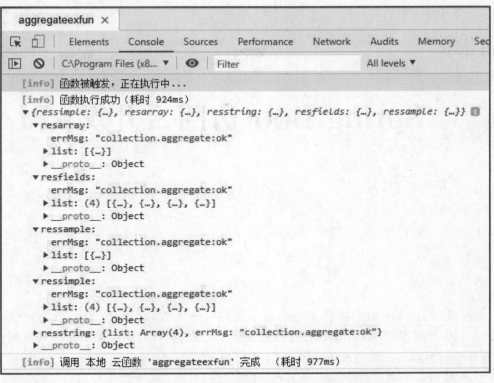

图 9-17　云函数 aggregateexfun 的本地调试情况

习题 9

简答题

1. 简述服务端调用的特点。
2. 简述数据库服务端 API 的特点。
3. 简述触发网络请求的 API 的特点。

实验题

1. 实现针对 collection 的服务端 API 应用开发。
2. 实现针对 doc 的服务端 API 应用开发。
3. 实现服务端正则表达式的应用开发。
4. 实现服务端 API 中 serverDate() 的应用开发。
5. 实现服务端 Geo 对象的应用开发。
6. 实现针对 command 的服务端 API 的应用开发。
7. 实现服务端 createCollection() 方法的应用开发。
8. 实现针对集合的服务端 API 应用开发。

第10章 Spring Boot访问云开发API

云开发的 HTTP API 提供了除小程序之外其他方式访问云开发资源的功能，使用 HTTP API 开发者可以用不同的开发语言和框架、方法在已有服务器上访问云资源（数据库、库存和云函数），实现与云开发的互通。

考虑到 Java 的通用性和 Spring Boot 的简易性，本书主要介绍如何用 Spring Boot 访问相关的 HTTP API。

以客户端/服务器的体系结构来划分，本章的介绍主要以云开发为服务器，而以 Spring Boot 为客户端。第 12 章则是以 Spring Boot 为服务器，而以微信小程序（含云开发）为客户端。

本章结合实例介绍如何使用 Spring Boot 实现对云函数 API 的调用，对云数据库的增、删、改、查操作 API 的调用，对云数据库进行迁移相关操作 API 的调用，对云存储库进行相关操作 API 的调用，对获取 Token 的 API 的调用。

10.1 调用云函数的 API

10.1.1 说明

视频讲解

服务端 API（或称为接口）中 invokeCloudFunction 接口触发云函数。注意，HTTP API 途径触发云函数不包含用户信息。

该接口的请求地址如例 10-1 所示，方法为 POST()方法。

【例 10-1】 invokeCloudFunction 接口的请求地址示例。

```
https://api.weixin.qq.com/tcb/invokecloudfunction?access_token=ACCESS_TOKEN&env=ENV&name=FUNCTION_NAME
```

invokeCloudFunction 接口的主要请求参数信息如表 10-1 所示。

表 10-1　invokeCloudFunction 接口请求参数信息

属　性	类　型	必　填	说　明
access_token	String	是	接口调用凭证
env	String	是	云开发环境 ID
name	String	是	云函数名称
POSTBODY	String	是	云函数的传入参数,具体结构由开发者定义

为了验证应用该接口,本示例调用第 7 章实现的云函数 myfirstfun。

10.1.2　用 IDEA 创建项目 testwxmpchttpapi 并添加依赖

利用 IDEA 创建项目 testwxmpchttpapi。

在 pom.xml 文件中,在 <dependencies> 和 </dependencies> 之间添加 Fastjson 和 Web 依赖,代码如例 10-2 所示。

【例 10-2】 添加 Fastjson 和 Web 依赖的代码示例。

```
<dependency>
        <groupId>com.alibaba</groupId>
        <artifactId>fastjson</artifactId>
        <version>1.2.58</version>
</dependency>
<dependency>
        <groupId>org.springframework.boot</groupId>
        <artifactId>spring-boot-starter-web</artifactId>
</dependency>
```

10.1.3　创建类 CallCloudFunctionController

在包 com.bookcode 中创建类 CallCloudFunctionController,修改类 CallCloudFunctionController 的代码(一般来说,创建类之后就会修改类的代码,为了叙述的简便,后文将创建类并修改类代码简称为创建类),代码(即创建文件后修改过的代码)如例 10-3 所示。

【例 10-3】 创建类 CallCloudFunctionController 的代码示例。

```
package com.bookcode;
import com.alibaba.fastjson.JSONObject;
import org.springframework.beans.factory.annotation.Value;
import org.springframework.web.bind.annotation.GetMapping;
import org.springframework.web.bind.annotation.PathVariable;
import org.springframework.web.bind.annotation.RestController;
import org.springframework.web.client.RestTemplate;
import java.io.IOException;
@RestController
```

```java
public class CallCloudFunctionController {
    @Value("${ACCESS_TOKEN}")
    String ACCESS_TOKEN;
    @Value("${calledfunname}")
    String FUNCTIONNAME;
    @Value("${envid}")
    String ENV;
    JSONObject postData = new JSONObject();
    RestTemplate restTemplate = new RestTemplate();
    //调用云函数 myfirstfun: mulresult = a + b
    @GetMapping("/testinvokeCloudFunction/{a}/{b}")
    public String invokeCloudFunction(@PathVariable int a, @PathVariable int b) throws IOException {
        String strurl = "https://api.weixin.qq.com/tcb/invokecloudfunction?access_token=" + ACCESS_TOKEN + "&env=" + ENV + "&name=" + FUNCTIONNAME;
        postData.put("a", a);
        postData.put("b", b);
        JSONObject invokeCloudFunctionjson = restTemplate.postForEntity(strurl, postData, JSONObject.class).getBody();
        String strRespData = invokeCloudFunctionjson.get("resp_data").toString();
        int startstr = strRespData.indexOf(":");
        int stopstr = strRespData.indexOf("}");
        String strResult = strRespData.substring(startstr + 1, stopstr).trim();
        System.out.println("Spring Boot 通过 HTTP API 调用小程序云函数" + FUNCTIONNAME + "(" + a + "," + b + ") = " + strResult);
        return invokeCloudFunctionjson.toJSONString();
    }
}
```

10.1.4 修改配置文件 application.properties

修改配置文件 application.properties，修改后的代码如例 10-4 所示。

【例 10-4】 配置文件 application.properties 修改后的代码示例。

```
#注意 ACCESS_TOKEN 最长有效期是 2 小时
ACCESS_TOKEN = 26_NL3bhUY8CvnCqJ6Q5lHpTnTfx8fAc9AgvGwu_6Ow47Qrcx5uZkdKtHzx_RHx9pIiQaC7HPlAbjNMqoxNG3csi7AVG0KuBh9RiY74NnkOmo39fdnggYYrQdUMqeOlEUqerMgNrNSCkaURCUIUNCLfAGATIR
  ACCESS_TOKEN_QCLOUDAPI = 3bbgKyr1s634dLXVCdylT7gf61klEyrx813d76ec6f13a0d91c6241a089e6f64e04oF4KzLcFeTA9wBgFx1g9k73L56Be2S73v2fwUtveXB7Dc4UxCmYf-oauLJRRnilnKm71ec1SBoJ7zXmA_tDARk2Eko7m8iCUPU1fTf72N_PdspM-Pp-cMAvYWCM3M96feIaRI3WaeTv5y3IBseXH8H_Jwl9v1sk07UwZb1_ObZjB1PUL-99ZuzLjG7JiN_xVKGrqgG-zHRgYxFYeoe0z8efKArqBWxtxoxa9zXoEF9GTaRVDzGnsORH1c7RqoP2KOKNDVdOz284h4Ij26ru_N9daM7jYGK-cVfeShQlogvZ0Bn_LUpJOSVDJAJ2FoKaXQBUZNSPBrKaNaesSm1RZvdYt2JHrQ8EsB8r4IObSc
tokenmaxlifespan = 7200
calledfunname = myfirstfun
calledcollectionname = testfortodos
```

```
envid = learnwxbookscode-wsd001
Appid = wxd376ffcce6c3b403
AppSecret = 430a0e4b1ac2d923333484b12521b404
#下载到本地计算机的"下载"目录下,以下名称为文件名
outputfilename = testwxmpcloudapi
queryclouddbscript = db.collection(\'todos\').get()
#导入文件需要先上传到同环境的云存储中,导入文件路径默认为根目录
inputfilename = /FeHelper-20191006125840.json
queryadddocsscript = db.collection(\'books\').add({data: {title: \'微信小程序开发基础\',price:49.9}})
querydeletedocsscript = db.collection(\'books\').where({price:db.command.gt(49.8)}).remove()
queryupdatescript = db.collection(\'books\').where({price:49.8}).update({data:{price: _.inc(10)}})
queryforqueryscript = db.collection(\'books\').where({price:49.8}).get()
querycountscript = db.collection(\'books\').where({price:49.8}).count()
storagepath = FeHelper-20191006171830.json
```

10.1.5 运行程序

运行程序,在浏览器中输入 localhost:8080/testinvokeCloudFunction/3/5,浏览器中的输出结果如图 10-1 所示,控制台中的输出结果如图 10-2 所示。

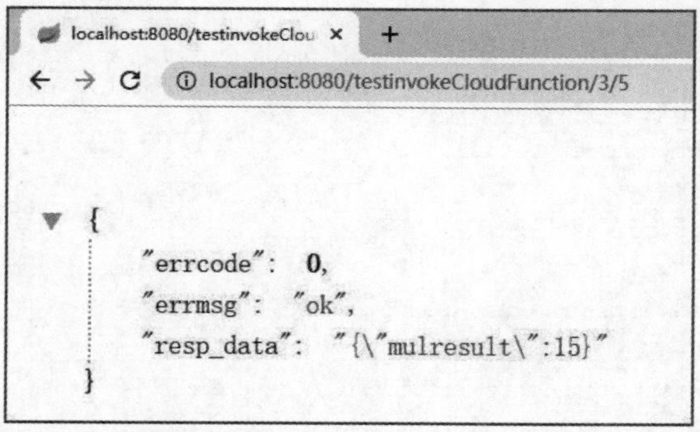

图 10-1 在浏览器中输入 localhost:8080/testinvokeCloudFunction/3/5 后浏览器中的输出结果

图 10-2 在浏览器中输入 localhost:8080/testinvokeCloudFunction/3/5 后控制台中的输出结果

结合图 10-1 和图 10-2,注意例 10-3 中代码所用的请求地址、方法和请求参数(与例 10-1、表 10-1 内容对应)。为了节省篇幅,后面的章节对 HTTP 接口(API)将不写出请求地址、方法和参数,请参考书中示例代码、提供的源代码中请求地址、方法、参数或者官方网站上的说明。

10.2 调用对数据库进行增、删、改、查操作的 API

10.2.1 创建类 CloudDBCRUDController

视频讲解

在包 com.bookcode 中创建类 CloudDBCRUDController，代码如例 10-5 所示。

【例 10-5】 创建类 CloudDBCRUDController 的代码示例。

```
package com.bookcode;
import com.alibaba.fastjson.JSONObject;
import org.springframework.beans.factory.annotation.Value;
import org.springframework.web.bind.annotation.GetMapping;
import org.springframework.web.bind.annotation.PathVariable;
import org.springframework.web.bind.annotation.RestController;
import org.springframework.web.client.RestTemplate;
import java.io.IOException;
@RestController
public class CloudDBCRUDController {
    @Value("${ACCESS_TOKEN}")
    String ACCESS_TOKEN;
    @Value("${envid}")
    String ENV;
    @Value("${queryadddocsscript}")
    String  QUERYADDDOCS;
    @Value("${querydeletedocsscript}")
    String QUERYDELETEDOCS;
    @Value("${queryupdatescript}")
    String QUERYUPDATE;
    @Value("${queryforqueryscript}")
    String QUERYforQuery;
    @Value("${querycountscript}")
    String QUERYCOUNT;
    RestTemplate restTemplate = new RestTemplate();
    JSONObject postData = new JSONObject();
    @GetMapping("/testdatabaseCollectionAdd/{newcname}")
    public String databaseCollectionAdd(@PathVariable String newcname) throws IOException {
        String strurl = "https://api.weixin.qq.com/tcb/databasecollectionadd?access_token = " + ACCESS_TOKEN;
        postData.put("env", ENV);
        postData.put("collection_name",newcname);
        JSONObject databaseCollectionAddjson = restTemplate.postForEntity(strurl, postData, JSONObject.class).getBody();
        System.out.println("Spring Boot 通过 HTTP API 调用小程序云开发中新增数据库集合(表)功能:");
        System.out.println("在环境" + ENV + "中新建集合" + newcname);
        return databaseCollectionAddjson.toJSONString();
    }
    @GetMapping("/testdatabaseCollectionGet/{limits}/{offsets}")
```

```java
    public String databaseCollectionGet(@PathVariable int limits, @PathVariable int offsets) throws IOException {
        String strurl = "https://api.weixin.qq.com/tcb/databasecollectionget?access_token=" + ACCESS_TOKEN;
        JSONObject postData = new JSONObject();
        postData.put("env", ENV);
        postData.put("limit", limits);
        postData.put("offset", offsets);
        JSONObject databaseCollectionAddjson = restTemplate.postForEntity(strurl, postData, JSONObject.class).getBody();
        System.out.println("Spring Boot 通过 HTTP API 调用小程序云开发中获取数据库集合(表)功能:");
        System.out.println("在环境" + ENV + "中有集合" + limits);
        return databaseCollectionAddjson.toJSONString();
    }
    @GetMapping("/testdatabaseAddDocs")
    public String databaseAdd() throws IOException {
        String strurl = " https://api.weixin.qq.com/tcb/databaseadd?access_token=" + ACCESS_TOKEN;
        postData.put("env", ENV);
        postData.put("query", QUERYADDDOCS);
        JSONObject databaseAddjson = restTemplate.postForEntity(strurl, postData, JSONObject.class).getBody();
        System.out.println("Spring Boot 通过 HTTP API 调用小程序云开发中新增数据库Docs(记录)功能:");
        System.out.println("在环境" + ENV + "增加Docs(记录)");
        return databaseAddjson.toJSONString();
    }
    @GetMapping("/testdatabaseDeleteDocs")
    public String databaseDelete() throws IOException {
        String strurl = "https://api.weixin.qq.com/tcb/databasedelete?access_token=" + ACCESS_TOKEN;
        postData.put("env", ENV);
        postData.put("query", QUERYDELETEDOCS);
        JSONObject databaseDeletejson = restTemplate.postForEntity(strurl, postData, JSONObject.class).getBody();
        System.out.println("Spring Boot 通过 HTTP API 调用小程序云开发中删除数据库Docs(记录)功能:");
        System.out.println("在环境" + ENV + "删除Docs(记录)");
        return databaseDeletejson.toJSONString();
    }
    @GetMapping("/testdatabaseUpdate")
    public String databaseUpdate() throws IOException {
        String strurl = "https://api.weixin.qq.com/tcb/databaseupdate?access_token=" + ACCESS_TOKEN;
        postData.put("env", ENV);
        postData.put("query", QUERYUPDATE);
        JSONObject databaseUpdatejson = restTemplate.postForEntity(strurl, postData, JSONObject.class).getBody();
        System.out.println("Spring Boot 通过 HTTP API 调用小程序云开发中更新数据库功能:");
```

```
            System.out.println("在环境" + ENV + "更新数据库");
            return databaseUpdatejson.toJSONString();
        }
        @GetMapping("/testdatabaseQuery")
        public String databaseQuery() throws IOException {
            String strurl = "https://api.weixin.qq.com/tcb/databasequery?access_token=" + ACCESS_TOKEN;
            postData.put("env", ENV);
            postData.put("query", QUERYforQuery);
            JSONObject databaseQueryjson = restTemplate.postForEntity(strurl, postData, JSONObject.class).getBody();
            System.out.println("Spring Boot 通过 HTTP API 调用小程序云开发中查询数据库功能:");
            System.out.println("在环境" + ENV + "查询数据库");
            return databaseQueryjson.toJSONString();
        }
        @GetMapping("/testdatabaseCount")
        public String databaseCount() throws IOException {
            String strurl = "https://api.weixin.qq.com/tcb/databasecount?access_token=" + ACCESS_TOKEN;
            postData.put("env", ENV);
            postData.put("query", QUERYCOUNT);
            JSONObject databaseCountjson = restTemplate.postForEntity(strurl, postData, JSONObject.class).getBody();
            System.out.println("Spring Boot 通过 HTTP API 调用小程序云开发中数据库统计功能:");
            System.out.println("在环境" + ENV + "进行数据库统计");
            return databaseCountjson.toJSONString();
        }
    }
```

10.2.2 运行程序

运行程序,在浏览器中输入 localhost:8080/testdatabaseCollectionAdd/newcollections,浏览器中的输出结果如图 10-3 所示,控制台中的输出结果如图 10-4 所示。

在浏览器中输入 localhost:8080/testdatabaseCollectionGet/10/0,浏览器中的输出结果如图 10-5 所示,控制台中的输出结果如图 10-6 所示。

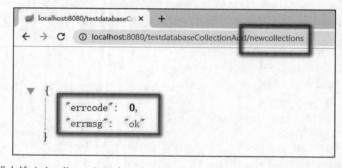

图 10-3 在浏览器中输入 localhost:8080/testdatabaseCollectionAdd/newcollections 后浏览器中的输出结果

> Spring Boot 通过HTTP API调用小程序云开发中新增数据库集合（表）功能：
> 在环境learnwxbookscode-wsd001中新建集合newcollections

图10-4 在浏览器中输入 localhost:8080/testdatabaseCollectionAdd/newcollections 后控制台中的输出结果

```
{"errcode":0,"pager":{"Offset":0,"Limit":10,"Total":8},"collections":
[{"name":"activities","count":15,"size":4464,"index_count":2,"index_size":73728},
{"name":"aggdb","count":4,"size":1463,"index_count":2,"index_size":73728},
{"name":"books","count":2,"size":240,"index_count":2,"index_size":65536},
{"name":"mpcloudbook","count":17,"size":6381,"index_count":2,"index_size":73728},
{"name":"newcollections","count":0,"size":0,"index_count":2,"index_size":8192},
{"name":"testfortodos","count":1,"size":125,"index_count":2,"index_size":32768},
{"name":"todos","count":39,"size":9798,"index_count":4,"index_size":147456},
{"name":"users","count":10,"size":1176,"index_count":2,"index_size":73728}],"errmsg":"ok"}
```

图10-5 在浏览器中输入 localhost:8080/testdatabaseCollectionGet/10/0 后浏览器中的输出结果

> Spring Boot 通过HTTP API调用小程序云开发中获取数据库集合（表）功能：
> 在环境learnwxbookscode-wsd001中有集合10

图10-6 在浏览器中输入 localhost:8080/testdatabaseCollectionGet/10/0 后控制台中的输出结果

在浏览器中输入 localhost:8080/testdatabaseAddDocs，浏览器中的输出结果如图10-7所示，控制台中的输出结果如图10-8所示。

在浏览器中输入 localhost:8080/testdatabaseDeleteDocs，浏览器中的输出结果如图10-9所示，控制台中的输出结果如图10-10所示。

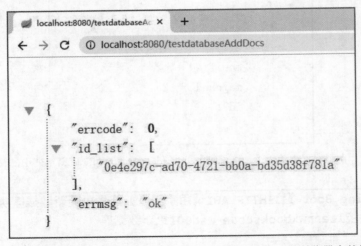

图10-7 在浏览器中输入 localhost:8080/testdatabaseAddDocs 后浏览器中的输出结果

> Spring Boot 通过HTTP API调用小程序云开发中新增数据库Docs（记录）功能：
> 在环境learnwxbookscode-wsd001增加Docs（记录）

图10-8 在浏览器中输入 localhost:8080/testdatabaseAddDocs 后控制台中的输出结果

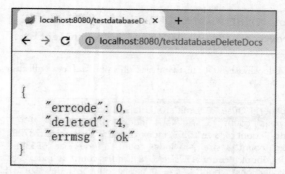

图 10-9　在浏览器中输入 localhost:8080/testdatabaseDeleteDocs 后浏览器中的输出结果

```
Spring Boot 通过HTTP API调用小程序云开发中删除数据库Docs（记录）功能：
在环境learnwxbookscode-wsd001删除Docs（记录）
```

图 10-10　在浏览器中输入 localhost:8080/testdatabaseDeleteDocs 后控制台中的输出结果

在浏览器中输入 localhost:8080/testdatabaseUpdate，浏览器中的输出结果如图 10-11 所示，控制台中的输出结果如图 10-12 所示。

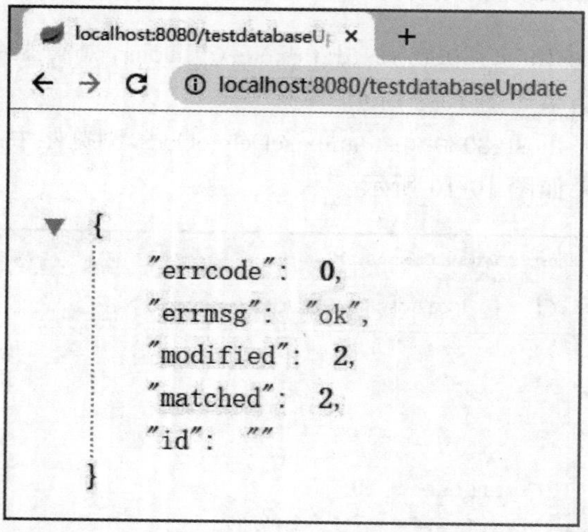

图 10-11　在浏览器中输入 localhost:8080/testdatabaseUpdate 后浏览器中的输出结果

```
Spring Boot 通过HTTP API调用小程序云开发中更新数据库功能：
在环境learnwxbookscode-wsd001更新数据库
```

图 10-12　在浏览器中输入 localhost:8080/testdatabaseUpdate 后控制台中的输出结果

在浏览器中输入 localhost:8080/testdatabaseQuery，浏览器中的输出结果如图 10-13 所示，控制台中的输出结果如图 10-14 所示。

在浏览器中输入 localhost:8080/testdatabaseCount，浏览器中的输出结果如图 10-15 所示，控制台中的输出结果如图 10-16 所示。

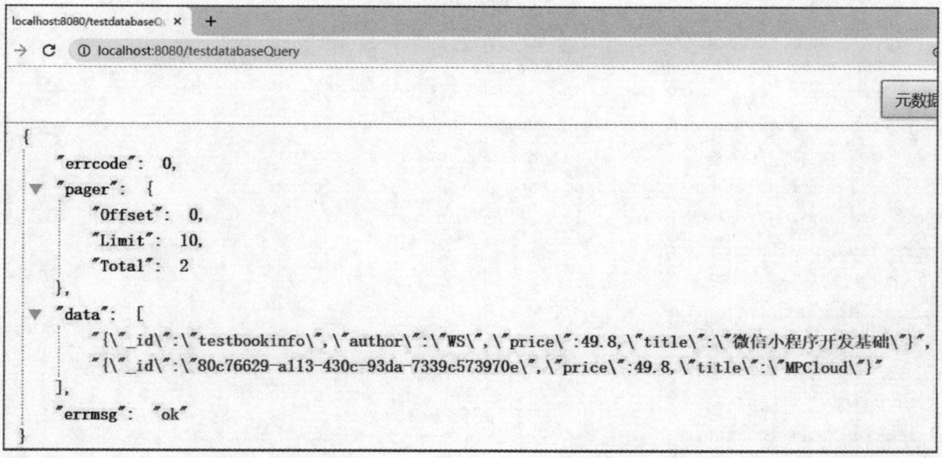

图 10-13　在浏览器中输入 localhost:8080/testdatabaseQuery 后浏览器中的输出结果

> Spring Boot 通过HTTP API调用小程序云开发中查询数据库功能：
> 在环境learnwxbookscode-wsd001查询数据库

图 10-14　在浏览器中输入 localhost:8080/testdatabaseQuery 后控制台中的输出结果

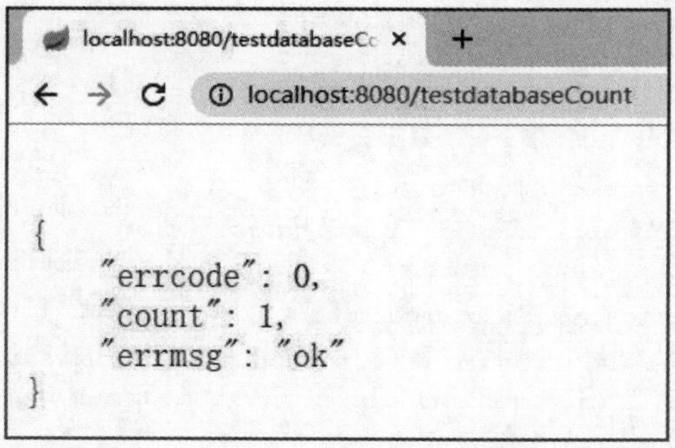

图 10-15　在浏览器中输入 localhost:8080/testdatabaseCount 后浏览器中的输出结果

> Spring Boot 通过HTTP API调用小程序云开发中数据库统计功能：
> 在环境learnwxbookscode-wsd001进行数据库统计

图 10-16　在浏览器中输入 localhost:8080/testdatabaseCount 后控制台中的输出结果

10.3　调用对数据库进行迁移相关操作的 API

视频讲解

10.3.1　创建类 DataMigrateController

在包 com.bookcode 中创建类 DataMigrateController，代码如例 10-6 所示。

【例 10-6】　创建类 DataMigrateController 的代码示例。

```java
package com.bookcode;
import com.alibaba.fastjson.JSONObject;
import org.springframework.beans.factory.annotation.Value;
import org.springframework.web.bind.annotation.GetMapping;
import org.springframework.web.bind.annotation.PathVariable;
import org.springframework.web.bind.annotation.RestController;
import org.springframework.web.client.RestTemplate;
import java.io.IOException;
@RestController
public class DataMigrateController {
    @Value("${ACCESS_TOKEN}")
    String ACCESS_TOKEN;
    @Value("${calledcollectionname}")
    String CollectionName;
    @Value("${outputfilename}")
    String FilePath;
    @Value("${Appid}")
    String APPID;
    @Value("${AppSecret}")
    String SECRETID;
    @Value("${envid}")
    String ENV;
    @Value("${queryclouddbscript}")
    String QUERY;
    @Value("${inputfilename}")
    String FileName;
    JSONObject postData = new JSONObject();
    RestTemplate restTemplate = new RestTemplate();
    //导出云中数据库集合(表)
    @GetMapping("/testdatabaseMigrateExport/{JSON1CVS2}")
    public String databaseMigrateExport(@PathVariable int JSON1CVS2) throws IOException {
        String strurl = "https://api.weixin.qq.com/tcb/databasemigrateexport?access_token=" + ACCESS_TOKEN;
        postData.put("env", ENV);
        //不加扩展名,将临时存储,单击临时存储中的链接下载到本地计算机的"下载"目录下
        postData.put("file_path", FilePath);
        postData.put("file_type", JSON1CVS2);
        postData.put("query", QUERY);
        JSONObject databaseMigrateImportjson = restTemplate.postForEntity(strurl, postData, JSONObject.class).getBody();
        System.out.println("Spring Boot 通过 HTTP API 调用小程序云开发中数据库导出功能:");
        System.out.println(QUERY + "导出文件为" + FilePath);
        return databaseMigrateImportjson.toJSONString();
    }
    @GetMapping("/testdatabaseMigrateImport/{JSON1CVS2}/{Insert1Update2}")
    public String databaseMigrateImport(@PathVariable int JSON1CVS2, @PathVariable int Insert1Update2) throws IOException {
        String strurl = "https://api.weixin.qq.com/tcb/databasemigrateimport?access_token=" + ACCESS_TOKEN;
        postData.put("env", ENV);
```

```java
        postData.put("collection_name", CollectionName);
        //导入文件路径(导入文件需先上传到同环境的云存储中)
        //可使用开发者工具或 HTTP API 的上传文件 API 上传
        postData.put("file_path", FileName);
        postData.put("file_type", JSON1CVS2);
        postData.put("stop_on_error", false);
        postData.put("conflict_mode", Insert1Update2);
        JSONObject databaseMigrateImportjson = restTemplate.postForEntity(strurl, postData, JSONObject.class).getBody();
        System.out.println("Spring Boot 通过 HTTP API 调用小程序云开发中数据库导入功能:");
        System.out.println("文件" + FileName + "导入到数据库集合(表): " + CollectionName);
        return databaseMigrateImportjson.toJSONString();
    }
    @GetMapping("/databaseMigrateQueryInfo/{jobid}")
    public String databaseMigrateQueryInfo(@PathVariable int jobid) throws IOException {
        String strurl = "https://api.weixin.qq.com/tcb/databasemigratequeryinfo?access_token=" + ACCESS_TOKEN;
        postData.put("env", ENV);
        postData.put("job_id", jobid);
        JSONObject databaseMigrateImportjson = restTemplate.postForEntity(strurl, postData, JSONObject.class).getBody();
        System.out.println("Spring Boot 通过 HTTP API 调用小程序云开发中数据迁移信息查询:");
        System.out.println(databaseMigrateImportjson.toJSONString());
        return databaseMigrateImportjson.toJSONString();
    }
}
```

10.3.2 运行程序

运行程序,在浏览器中输入 localhost:8080/testdatabaseMigrateExport/1,浏览器中的输出结果如图 10-17 所示,控制台中的输出结果如图 10-18 所示。与此同时,在计算机"下载"目录下创建一个文件 testwxmpcloudapi,如图 10-19 所示。

在浏览器中输入 localhost:8080/testdatabaseMigrateImport/1/1,浏览器中的输出结果如图 10-20 所示,控制台中的输出结果如图 10-21 所示。

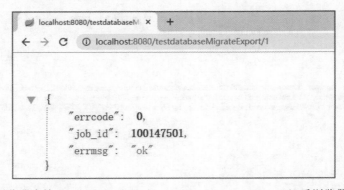

图 10-17 在浏览器中输入 localhost:8080/testdatabaseMigrateExport/1 后浏览器中的输出结果

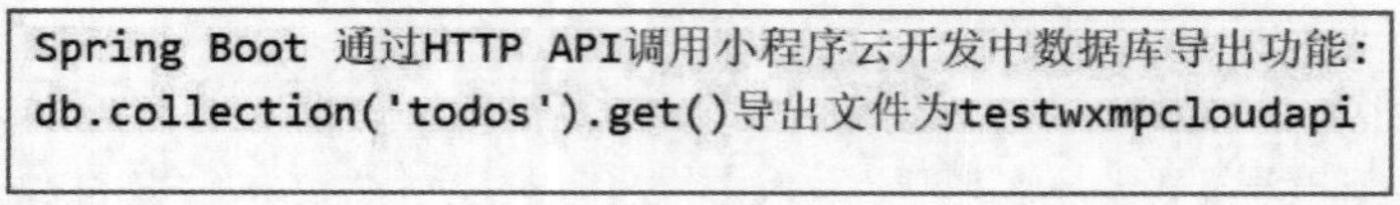

> Spring Boot 通过HTTP API调用小程序云开发中数据库导出功能：
> db.collection('todos').get()导出文件为 **testwxmpcloudapi**

图 10-18　在浏览器中输入 localhost:8080/testdatabaseMigrateExport/1 后控制台中的输出结果

图 10-19　在"下载"目录下创建文件 testwxmpcloudapi

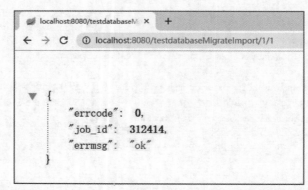

图 10-20　在浏览器中输入 localhost:8080/testdatabaseMigrateImport/1/1 后浏览器中的输出结果

> Spring Boot 通过HTTP API调用小程序云开发中数据库导入功能：
> 文件/**FeHelper-20191006125840.json**导入到数据库集合（表）：**testfortodos**

图 10-21　在浏览器中输入 localhost:8080/testdatabaseMigrateImport/1/1 后控制台中的输出结果

在浏览器中输入 localhost:8080/databaseMigrateQueryInfo/100147501，浏览器中的输出结果如图 10-22 所示，控制台中的输出结果如图 10-23 所示。

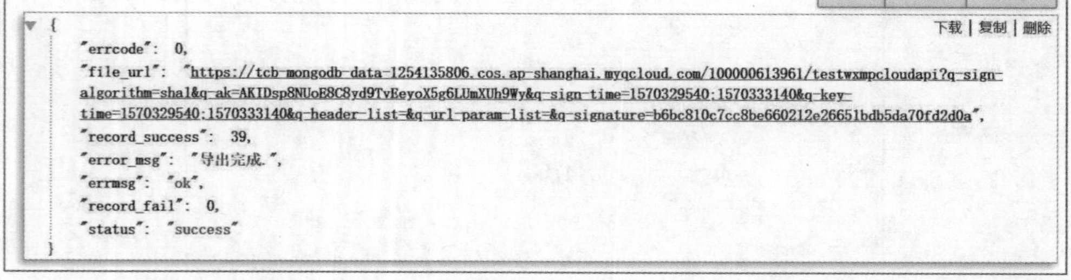

图 10-22　在浏览器中输入 localhost:8080/databaseMigrateQueryInfo/100147501 后浏览器中的输出结果

```
Spring Boot 通过HTTP API调用小程序云开发中数据迁移信息查询:
{"errcode":0,"file_url":"https://tcb-mongodb-data-1254135806.cos.ap-shanghai.myqcloud.com/100000613961/testwxmpcl
```

图 10-23 在浏览器中输入 localhost:8080/databaseMigrateQueryInfo/100147501 后控制台中的输出结果

10.4　调用对存储进行相关操作的 API

10.4.1　创建类 StroageManageController

在包 com.bookcode 中创建类 StroageManageController，代码如例 10-7 所示。

【例 10-7】 创建类 StroageManageController 的代码示例。

```java
package com.bookcode;
import com.alibaba.fastjson.JSONObject;
import org.springframework.beans.factory.annotation.Value;
import org.springframework.web.bind.annotation.GetMapping;
import org.springframework.web.bind.annotation.RestController;
import org.springframework.web.client.RestTemplate;
import java.io.IOException;
import java.util.ArrayList;
@RestController
public class StroageManageController {
    @Value("${ACCESS_TOKEN}")
    String ACCESS_TOKEN;
    @Value("${envid}")
    String ENV;
    @Value("${storagepath}")
    String UploadFilePath;
    @Value("${tokenmaxlifespan}")
    int MaxLifespan;
    RestTemplate restTemplate = new RestTemplate();
    JSONObject postData = new JSONObject();
    JSONObject files = new JSONObject();
    @GetMapping("/testuploadFile")
    public String uploadFile() throws IOException {
        String strurl = "https://api.weixin.qq.com/tcb/uploadfile?access_token=" + ACCESS_TOKEN;
        postData.put("env", ENV);
        postData.put("path", UploadFilePath);
        JSONObject uploadFilejson = restTemplate.postForEntity(strurl, postData, JSONObject.class).getBody();
        System.out.println("Spring Boot 通过 HTTP API 调用小程序云开发中存储功能:");
        System.out.println("在环境" + ENV + "上传文件: " + UploadFilePath);
        return uploadFilejson.toJSONString();
    }
    @GetMapping("/testbatchDownloadFile")
    public String batchDownloadFile() throws IOException {
        String strurl = "https://api.weixin.qq.com/tcb/batchdownloadfile?access_token=" + ACCESS_TOKEN;
        files.put("fileid","cloud://learnwxbookscode-wsd001.6c65-learnwxbookscode-wsd001-1253682497/demo.jpg");
        files.put("max_age",MaxLifespan);
```

```
            ArrayList<JSONObject> filelists = new ArrayList<>();
            filelists.add(files);
            postData.put("env", ENV);
            postData.put("file_list",filelists);
            JSONObject downloadFilejson = restTemplate.postForEntity(strurl, postData,
JSONObject.class).getBody();
            System.out.println("Spring Boot 通过 HTTP API 调用小程序云开发中存储功能:");
            System.out.println("在环境" + ENV + "下载文件");
            return downloadFilejson.toJSONString();
    }
    @GetMapping("/testbatchDeleteFile")
    public String batchDeleteFile() throws IOException {
        String strurl = "https://api.weixin.qq.com/tcb/batchdeletefile?access_token=" +
ACCESS_TOKEN;
        postData.put("env", ENV);
        String [] files = {"cloud://learnwxbookscode-wsd001.6c65-learnwxbookscode-
wsd001-1253682497/2019-10-01_171233.jpg"};
        postData.put("fileid_list",files);
            JSONObject batchDeleteFilejson = restTemplate.postForEntity(strurl, postData,
JSONObject.class).getBody();
        System.out.println("Spring Boot 通过 HTTP API 调用小程序云开发中存储功能:");
        System.out.println("在环境" + ENV + "删除文件");
        return batchDeleteFilejson.toJSONString();
    }
}
```

10.4.2 运行程序

在浏览器中输入 localhost:8080/testuploadFile，浏览器中的输出结果如图 10-24 所示，控制台中的输出结果如图 10-25 所示。

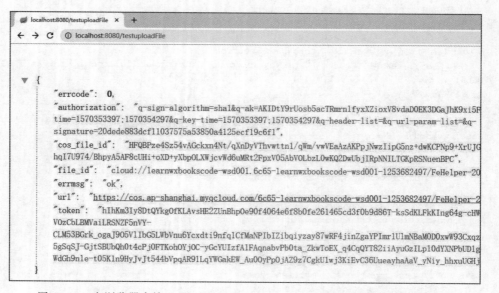

图 10-24　在浏览器中输入 localhost:8080/testuploadFile 后浏览器中的输出结果

图 10-25 在浏览器中输入 localhost:8080/testuploadFile 后控制台中的输出结果

在浏览器中输入 localhost:8080/testDownloadFile,浏览器中的输出结果如图 10-26 所示,控制台中的输出结果如图 10-27 所示。单击图 10-26 中的链接,浏览器中显示该图片文件,如图 10-28 所示。

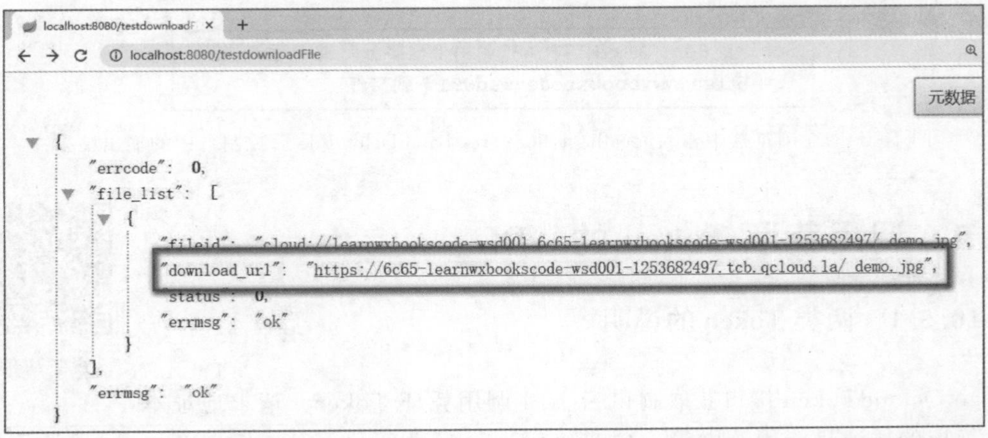

图 10-26 在浏览器中输入 localhost:8080/testDownloadFile 后浏览器中的输出结果

图 10-27 在浏览器中输入 localhost:8080/testDownloadFile 后控制台中的输出结果

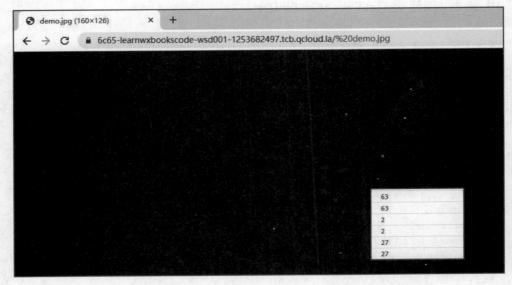

图 10-28 单击图 10-26 中链接后浏览器中显示该图片文件

在浏览器中输入 localhost:8080/testbatchDeleteFile，浏览器中的输出结果如图 10-29 所示，控制台中的输出结果如图 10-30 所示。

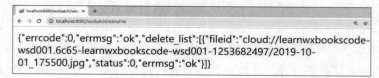

图 10-29　在浏览器中输入 localhost:8080/testbatchDeleteFile 后浏览器中的输出结果

```
Spring Boot 通过HTTP API调用小程序云开发中存储功能：
在环境learnwxbookscode-wsd001下载文件
```

图 10-30　在浏览器中输入 localhost:8080/testbatchDeleteFile 后控制台中的输出结果

10.5　调用获取 Token 的 API

视频讲解

10.5.1　两类 Token 的说明

getQcloudToken 接口获取腾讯云 API 调用凭证 Token。请求地址本 API 换取的凭证只能用于腾讯云（如接口 CreateAndDeployCloudBaseProject）。调用凭证的使用参考腾讯云公共参数。例如，临时证书所用的 Token，需要结合临时密钥一起使用。临时密钥和 Token 需要到访问管理服务调用接口获取。长期密钥不需要 Token。

而本章需要用到的 Token 是用 GET() 方法得到的，用于微信小程序的 Token，包含用于微信小程序云开发。

10.5.2　创建类 GetTokenController

在包 com.bookcode 中创建类 GetTokenController，代码如例 10-8 所示。

【例 10-8】　创建类 GetTokenController 的代码示例。

```java
package com.bookcode;
import com.alibaba.fastjson.JSONObject;
import org.springframework.beans.factory.annotation.Value;
import org.springframework.web.bind.annotation.GetMapping;
import org.springframework.web.bind.annotation.RestController;
import org.springframework.web.client.RestTemplate;
import java.io.IOException;
@RestController
public class GetTokenController {
    @Value("${ACCESS_TOKEN}")
    String ACCESS_TOKEN;
    @Value("${tokenmaxlifespan}")
    int MaxLifespan;
```

```
        RestTemplate restTemplate = new RestTemplate();
        JSONObject postData = new JSONObject();
        //根据 AppID 和 ScreteID 获得 Token,主要是微信小程序(含小程序云开发)的 Token
        @GetMapping("/testapi")
        public String userLogin() throws IOException {
            String strurl = "https://api.weixin.qq.com/cgi-bin/token?grant_type=client_credential&appid=wxd376ffcce6c3b403&secret=430a0e4b1ac2d923333484b12521b404";
            String atokenjson = restTemplate.getForObject(strurl, String.class);
            System.out.println("Spring Boot 通过 HTTP API 调用小程序云函数得到 Token:" + atokenjson);
            return atokenjson;
        }
        //腾讯云的 API 应用 Token
        @GetMapping("/testgetQcloudToken")
        public String getQcloudToken() throws IOException {
            String strurl = "https://api.weixin.qq.com/tcb/getqcloudtoken?access_token=" + ACCESS_TOKEN;
            postData.put("lifespan",MaxLifespan);
            JSONObject databaseQueryjson = restTemplate.postForEntity(strurl, postData, JSONObject.class).getBody();
            System.out.println("Spring Boot 通过 HTTP API 调用小程序云开发中获取腾讯云 API 调用凭证.");
            return databaseQueryjson.toJSONString();
        }
    }
```

10.5.3 运行程序

在浏览器中输入 localhost:8080/testapi,浏览器中的输出结果如图 10-31 所示,控制台中的输出结果如图 10-32 所示。

在浏览器中输入 localhost:8080/testgetQcloudToken,浏览器中的输出结果如图 10-33 所示。

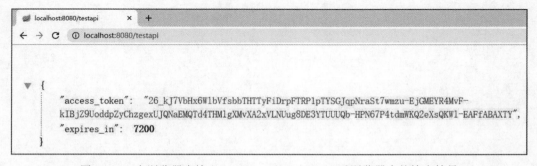

图 10-31　在浏览器中输入 localhost:8080/testapi 后浏览器中的输出结果

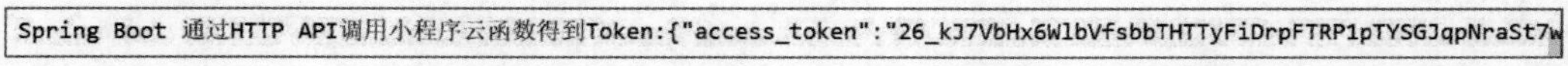

Spring Boot 通过HTTP API调用小程序云函数得到Token:{"access_token":"26_kJ7VbHx6WlbVfsbbTHTTyFiDrpFTRP1pTYSGJqpNraSt7w

图 10-32　在浏览器中输入 localhost:8080/testapi 后控制台中的输出结果

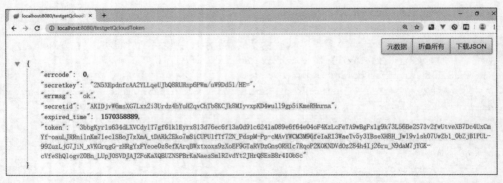

图 10-33 在浏览器中输入 localhost:8080/testgetQcloudToken 后浏览器中的输出结果

习题 10

实验题

1. 使用 Spring Boot 实现对云函数 API 的调用。
2. 使用 Spring Boot 实现对数据库进行增、删、查、改操作 API 的调用。
3. 使用 Spring Boot 实现对数据库进行迁移相关操作 API 的调用。
4. 使用 Spring Boot 实现对存储进行相关操作 API 的调用。
5. 使用 Spring Boot 实现对获取 Token 的 API 的调用。

第11章

Node.js访问云开发API

考虑到云函数是采用 Node.js 实现的，本章结合实例介绍如何使用 Node.js 实现对云函数 API 的调用，对数据库进行增、删、查、改操作 API 的调用，对数据库进行迁移相关操作 API 的调用，对存储进行相关操作 API 的调用和对获取 Token 的 API 的调用。

第 10 章主要介绍了使用 Spring Boot 访问云开发 API，本章加深对 API 的用法（调用）通用性、一致性、简易性的认识。

11.1 调用云函数的 API

11.1.1 辅助工作

视频讲解

安装完成 Node.js 和 IDEA 之后，参考附录 D 用 IDEA 创建 Node.js 项目 nodeforwxmpchapi。在第 7 章云函数 myfirstfun 的基础上进行开发。

在项目根目录下创建子目录 firsttestapi。

用如例 11-1 所示的命令安装 request-json。

【例 11-1】 安装 request-json 的命令示例。

```
npm install request-json
```

11.1.2 创建文件 CallCloudFunctionController.js

在目录 firsttestapi 下创建文件 CallCloudFunctionController.js，修改文件代码（一般来说，创建文件之后就会修改文件的代码，为了叙述的简便，将创建文件并修改文件代码简称为创建文件），代码如例 11-2 所示。

【例 11-2】 创建文件 CallCloudFunctionController.js 的代码示例。

```js
request = require('request-json'); //需要先安装 request-json
http = require('http');
function CallCloudFunctionController() {
    this.testinvokeCloudFunction = function () {
        var atoken = '26_AYTfSeGzkkUazV18ks6aABFFdFbc1bSo96Gf8oU9E0mGBIvWCjI-Z3uN7toNH1-THc96zl8Suv1UR8FnorODaWnAxoLvpUpXvfMSDoGwgNGcPYoSDuMT1F8QZ4pJZ1Jm6mug72cZde0NqO4wELNjADARYA';
        var envid = 'learnwxbookscode-wsd001';
        var funname = 'myfirstfun';
        var client = request.createClient('https://api.weixin.qq.com/tcb/invokecloudfunction?access_token=' + atoken + '&env=' + envid + '&name=' + funname);
        var data = {
            a: 2,
            b: 3
        };
        var resm = {};
        var startstr = 0;
        var stopstr = 0;
        var strResult = '';
        client.post('', data, function (err, res, body) {
            resm = body.resp_data;
            startstr = resm.indexOf(":");
            stopstr = resm.indexOf("}");
            strResult = resm.substring(startstr + 1, stopstr).trim();
            console.log("Spring Boot 通过 HTTP API 调用小程序云函数 myfirstfun" + "(" + data.a + "," + data.b + ") = " + strResult);
        });
        http.createServer(
            function (req, res) {
                res.writeHead(200, {'Content-Type': 'text/html'});
                res.write("Spring Boot 通过 HTTP API 调用小程序云函数 myfirstfun(" + data.a + "," + data.b + " ) = " + strResult);
                res.end();
            }
        ).listen(3000);
    }
}
module.exports = CallCloudFunctionController;
```

11.1.3 创建文件 testCallCloudFC.js

在目录 firsttestapi 下创建文件 testCallCloudFC.js，代码如例 11-3 所示。

【例 11-3】 创建文件 testCallCloudFC.js 的代码示例。

```js
var CallCloudFunctionController = require('./CallCloudFunctionController');
callCloudFunctionController = new CallCloudFunctionController();
callCloudFunctionController.testinvokeCloudFunction();
```

11.1.4 运行文件 testCallCloudFC.js

运行文件 testCallCloudFC.js,控制台中的输出结果如图 11-1 所示,在浏览器中输入 localhost:3000,浏览器中的输出结果如图 11-2 所示。

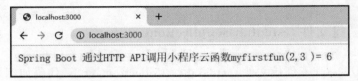

图 11-1　运行文件 testCallCloudFC.js 后控制台中的输出结果

图 11-2　在浏览器中输入 localhost:3000 后浏览器中的输出结果

11.2　调用对数据库进行增、删、查、改操作的 API

11.2.1　创建文件 MyTokenUtil.js

在目录 firsttestapi 下创建文件 MyTokenUtil.js,代码如例 11-4 所示。

【例 11-4】　创建文件 MyTokenUtil.js 的代码示例。

```
function MyTokenUtil() {
    var tmpToken = "26_XuU-Fu3hZFmqiMFra0dBvMFeh3Esu7BCLpkyfLVC3_8LoNWXgDwJ5DjAjqwg6jAPn
QaApWmHb8fOcafFzZ9kkSTpJE3iYV8iJyhJjetMPb-z3iaP9ecb5LBQRu6IIKh5XH_KiaejlEXTJgVLLTSfAHAWED";
    this.getTemptToken = function () {
        return tmpToken;
    }
}
module.exports = MyTokenUtil;
```

11.2.2　创建文件 postandcreatefun.js

在目录 firsttestapi 下创建文件 postandcreatefun.js,代码如例 11-5 所示。

【例 11-5】　创建文件 postandcreatefun.js 的代码示例。

```
request = require('request-json');
http = require('http');
var MyTokenUtil = require('./MyTokenUtil');
myTokenUtil = new MyTokenUtil();
var strchecktoken = '?access_token=' + myTokenUtil.getTemptToken();
```

```
var strUrl = 'https://api.weixin.qq.com/tcb/'
function postandcreatefun(functionname,data) {
    var client = request.createClient(strUrl + functionname + strchecktoken);
    client.post('', data, function (err, res, body) {
        console.log(functionname + "返回结果: 代码为", res.statusCode, body.errmsg == 'ok' ?
'，显示操作成功.' : '，显示操作失败.');
        console.log(functionname + "具体返回内容为: ", body);
    });
}
module.exports = postandcreatefun;
```

11.2.3 创建文件 testdatabaseCollectionGet.js

在目录 firsttestapi 下创建文件 testdatabaseCollectionGet.js，代码如例 11-6 所示。

【例 11-6】 创建文件 testdatabaseCollectionGet.js 的代码示例。

```
var postandcreatefun = require('./postandcreatefun');
function testdatabaseCollectionGet() {
    this.tdcg = function () {
        var data = {
            env: "learnwxbookscode - wsd001",
            limit: 10,
            offset: 0
        };
        new postandcreatefun('databasecollectionget', data);
    }
}
module.exports = testdatabaseCollectionGet;
```

11.2.4 创建文件 testdatabaseCollectionAdd.js

在目录 firsttestapi 下创建文件 testdatabaseCollectionAdd.js，代码如例 11-7 所示。

【例 11-7】 创建文件 testdatabaseCollectionAdd.js 的代码示例。

```
request = require('request - json');
http = require('http');
function testdatabaseCollectionAdd() {
    this.pandcfun = function () {
        var strResult = '';
        var newcname = "n4";//new collection name
        var atoken = "26_XuU - Fu3hZFmqiMFra0dBvMFeh3Esu7BCLpkyfLVC3_8LoNWXgDwJ5DjAjqwg6j
APnQaApWmHb8fOcafFzZ9kkSTpJE3iYV8iJyhJjetMPb - z3iaP9ecb5LBQRu6IIKh5XH_KiaejlEXTJgVLLTSf
AHAWED";
        var client = request.createClient('https://api.weixin.qq.com/tcb/databasecollectionadd?
access_token = ' + atoken);
```

```
            var data = {
                env: "learnwxbookscode - wsd001",
                collection_name: newcname
            };
            client.post('', data, function (err, res, body) {
                strResult = "Spring Boot 通过 HTTP API 调用小程序云开发中新增数据库集合(表)功
能:在环境" + data.env + "中新建集合" + data.collection_name;
            });
            http.createServer(
                function (req, res) {
                    res.writeHead(200, {'Content - Type': 'text/html; charset = utf - 8'});
                    res.write(strResult);
                    res.end();
                }
            ).listen(3000);
    }
}
module.exports = testdatabaseCollectionAdd;
```

11.2.5 创建文件 CloudDBCRUDController.js

在目录 firsttestapi 下创建文件 CloudDBCRUDController.js,代码如例 11-8 所示。

【例 11-8】 创建文件 CloudDBCRUDController.js 的代码示例。

```
var testdatabaseCollectionAdd = require('./testdatabaseCollectionAdd');
var testdatabaseCollectionGet = require('./testdatabaseCollectionGet');
tdbCA = new testdatabaseCollectionAdd();
tdbCG = new testdatabaseCollectionGet();
function CloudDBCRUDController() {
    this.testdatabaseCollectionAdd = function () {
        tdbCA.pandcfun()
    };
    this.testdatabaseCollectionGet = function () {
        tdbCG.tdcg()
    }
}
module.exports = CloudDBCRUDController;
```

11.2.6 创建文件 testCloudDBCRUDC.js

在目录 firsttestapi 下创建文件 testCloudDBCRUDC.js,代码如例 11-9 所示。

【例 11-9】 创建文件 testCloudDBCRUDC.js 的代码示例。

```
var CloudDBCRUDController = require('./CloudDBCRUDController');
cloudDBCRUDController = new CloudDBCRUDController();
```

```
cloudDBCRUDController.testdatabaseCollectionGet();
cloudDBCRUDController.testdatabaseCollectionAdd();
```

11.2.7　运行文件 testCloudDBCRUDC.js

运行文件 testCloudDBCRUDC.js，控制台中的输出结果如图11-3所示。在浏览器中输入 localhost:3000，浏览器中的输出结果如图11-4所示。

```
databasecollectionget返回结果：代码为 200   ，显示操作成功。
databasecollectionget具体返回内容为： { errcode: 0,
  errmsg: 'ok',
  collections:
   [ { name: 'activities',
       count: 15,
       size: 4464,
```

图 11-3　运行文件 testCloudDBCRUDC.js 后控制台中的输出结果

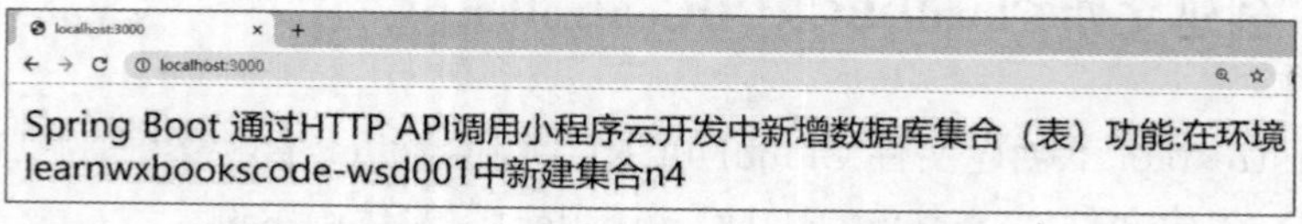

```
Spring Boot 通过HTTP API调用小程序云开发中新增数据库集合（表）功能：在环境
learnwxbookscode-wsd001中新建集合n4
```

图 11-4　在浏览器中输入 localhost:3000 后浏览器中的输出结果

11.2.8　实现方式说明

为了节约篇幅，本章后面的云函数 API 调用直接用一个 JavaScript 文件实现，而不用 11.2.3 节～11.2.5 节中 export 和 require 两个文件实现的方式。假如要用两个文件的方式，请参考 11.1 节和 11.2 节的代码。

11.2.9　创建、运行文件 testdatabaseAddDocs.js

在目录 firsttestapi 下创建文件 testdatabaseAddDocs.js，代码如例 11-10 所示。

【例 11-10】　创建文件 testdatabaseAddDocs.js 的代码示例。

```
var postandcreatefun = require('./postandcreatefun')
var data = {
    env:"learnwxbookscode-wsd001",
    query:"db.collection('books').add({data:{title:'微信小程序开发基础',price:49.9}})"
};
pcaf = new postandcreatefun('databaseadd',data);
```

运行文件 testdatabaseAddDocs.js，控制台中的输出结果如图11-5所示。

```
databaseadd返回结果：代码为 200 ,显示操作成功。
databaseadd具体返回内容为： { errcode: 0,
  errmsg: 'ok',
  id_list: [ 'a3219245-9333-4210-9174-8c4db6f14ac4' ] }
```

图 11-5　运行文件 testdatabaseAddDocs.js 后控制台中的输出结果

11.2.10　创建、运行文件 testdatabaseDeleteDocs.js

在目录 firsttestapi 下创建文件 testdatabaseDeleteDocs.js，代码如例 11-11 所示。

【例 11-11】　创建文件 testdatabaseDeleteDocs.js 的代码示例。

```
var postandcreatefun = require('./postandcreatefun')
var data = {
    env:"learnwxbookscode-wsd001",
    query:"db.collection('n1').where({price:db.command.gt(49.8)}).remove()"
};
pcaf = new postandcreatefun('databasedelete',data);
```

运行文件 testdatabaseDeleteDocs.js，控制台中的输出结果如图 11-6 所示。

```
databasedelete返回结果：代码为 200 ,显示操作成功。
databasedelete具体返回内容为： { errcode: 0, errmsg: 'ok', deleted: 0 }
```

图 11-6　运行文件 testdatabaseDeleteDocs.js 后控制台中的输出结果

11.2.11　创建、运行文件 testdatabaseUpdate.js

在目录 firsttestapi 下创建文件 testdatabaseUpdate.js，代码如例 11-12 所示。

【例 11-12】　创建文件 testdatabaseUpdate.js 的代码示例。

```
var postandcreatefun = require('./postandcreatefun')
var data = {
    env:"learnwxbookscode-wsd001",
    query:"db.collection('n1').where({price:49.8}).update({data:{price: _.inc(10)}})"
};
pcaf = new postandcreatefun('databaseupdate',data);
```

运行文件 testdatabaseUpdate.js，控制台中的输出结果如图 11-7 所示。

```
databaseupdate返回结果：代码为 200 ,显示操作成功。
databaseupdate具体返回内容为： { errcode: 0, errmsg: 'ok', matched: 1, modified: 1, id: '' }
```

图 11-7　运行文件 testdatabaseUpdate.js 后控制台中的输出结果

11.2.12　创建、运行文件 testdatabaseQuery.js

在目录 firsttestapi 下创建文件 testdatabaseQuery.js，代码如例 11-13 所示。

【例 11-13】　创建文件 testdatabaseQuery.js 的代码示例。

```
var postandcreatefun = require('./postandcreatefun')
var data = {
    env:"learnwxbookscode-wsd001",
    query:"db.collection('books').where({price:59.8}).get()"
};
pcaf = new postandcreatefun('databasequery',data);
```

运行文件 testdatabaseQuery.js，控制台中的输出结果如图 11-8 所示。

```
databasequery返回结果：代码为 200 ，显示操作成功。
databasequery具体返回内容为 : { errcode: 0,
  errmsg: 'ok',
  pager: { Offset: 0, Limit: 10, Total: 2 },
  data:
   [ '{"_id":"testbookinfo","author":"WS","price":59.8,"title":"微信小程序开发基础"}',
     '{"_id":"80c76629-a113-430c-93da-7339c573970e","price":59.8,"title":"MPCloud"}' ] }
```

图 11-8　运行文件 testdatabaseQuery.js 后控制台中的输出结果

11.2.13　创建、运行文件 testdatabaseCount.js

在目录 firsttestapi 下创建文件 testdatabaseCount.js，代码如例 11-14 所示。

【例 11-14】　创建文件 testdatabaseCount.js 的代码示例。

```
var postandcreatefun = require('./postandcreatefun')
var data = {
    env:"learnwxbookscode-wsd001",
    query:"db.collection('books').where({price:59.8}).count()"
};
pcaf = new postandcreatefun('databasecount',data);
```

运行文件 testdatabaseCount.js，控制台中的输出结果如图 11-9 所示。

```
databasecount返回结果：代码为 200 ，显示操作成功。
databasecount具体返回内容为 : { errcode: 0, errmsg: 'ok', count: 2 }
```

图 11-9　运行文件 testdatabaseCount.js 后控制台中的输出结果

11.3 调用对数据库进行迁移相关操作的 API

视频讲解

11.3.1 创建、运行文件 testdatabaseMigrateExport.js

在目录 firsttestapi 下创建文件 testdatabaseMigrateExport.js,代码如例 11-15 所示。

【例 11-15】 创建文件 testdatabaseMigrateExport.js 的代码示例。

```
var postandcreatefun = require('./postandcreatefun')
var data = {
    env:"learnwxbookscode-wsd001",
    file_path:"exportclouddbwithnode",
    file_type:1,
    query:"db.collection('todos').get()",
};
pcaf = new postandcreatefun('databasemigrateexport',data);
```

运行文件 testdatabaseMigrateExport.js,控制台中的输出结果如图 11-10 所示。

```
databasemigrateexport返回结果:代码为 200 ,显示操作成功。
databasemigrateexport具体返回内容为: { errcode: 0, errmsg: 'ok', job_id: 100150371 }
```

图 11-10 运行文件 testdatabaseMigrateExport.js 后控制台中的输出结果

11.3.2 创建、运行文件 testdatabaseMigrateImport.js

在目录 firsttestapi 下创建文件 testdatabaseMigrateImport.js,代码如例 11-16 所示。

【例 11-16】 创建文件 testdatabaseMigrateImport.js 的代码示例。

```
var postandcreatefun = require('./postandcreatefun')
var data = {
    env:"learnwxbookscode-wsd001",
    collection_name:"testfortodos",
    file_path:"/FeHelper-20191006125840.json",
    file_type:1,
    stop_on_error:false,
    conflict_mode:1
};
pcaf = new postandcreatefun('databasemigrateimport',data);
```

运行文件 testdatabaseMigrateImport.js,控制台中的输出结果如图 11-11 所示。

```
databasemigrateimport返回结果:代码为 200 ,显示操作成功。
databasemigrateimport具体返回内容为: { errcode: 0, errmsg: 'ok', job_id: 319922 }
```

图 11-11 运行文件 testdatabaseMigrateImport.js 后控制台中的输出结果

11.3.3 创建、运行文件 databaseMigrateQueryInfo.js

在目录 firsttestapi 下创建文件 databaseMigrateQueryInfo.js,代码如例 11-17 所示。

【例 11-17】 创建文件 databaseMigrateQueryInfo.js 的代码示例。

```
var postandcreatefun = require('./postandcreatefun')
var data = {
    env:"learnwxbookscode-wsd001",
    job_id: 319929
};
pcaf = new postandcreatefun('databasemigratequeryinfo',data);
```

运行文件 databaseMigrateQueryInfo.js,控制台中的输出结果如图 11-12 所示。

```
databasemigratequeryinfo返回结果：代码为 200 ,显示操作成功。
databasemigratequeryinfo具体返回内容为：{ errcode: 0,
  errmsg: 'ok',
  status: 'fail',
  record_success: 0,
  record_fail: 0,
  error_msg: '导入数据任务（id:319929）异常，错误信息：导入文件大小为0，请确认文件是否正确或文件在cos中权限是否正确',
  file_url: '' }
```

图 11-12 运行文件 databaseMigrateQueryInfo.js 后控制台中的输出结果

11.4 调用对存储进行相关操作的 API

11.4.1 创建、运行文件 testuploadFile.js

在目录 firsttestapi 下创建文件 testuploadFile.js,代码如例 11-18 所示。

【例 11-18】 创建文件 testuploadFile.js 的代码示例。

```
var postandcreatefun = require('./postandcreatefun')
var data = {
    env:"learnwxbookscode-wsd001",
    path:"FeHelper-20191006171830.json"
};
pcaf = new postandcreatefun('uploadfile',data);
```

运行文件 testuploadFile.js,控制台中的输出结果如图 11-13 所示。

```
uploadfile返回结果：代码为 200 ,显示操作成功。
uploadfile具体返回内容为：{ errcode: 0,
  errmsg: 'ok',
  url:
   'https://cos.ap-shanghai.myqcloud.com/6c65-learnwxbookscode-wsd001-1253682497/FeHelper-20191006171830.json',
  token:
   '9rx9pYJmSvnDEV2BlUZy3NqVYLA6Hkjz8dc8b167c686d19e6c6a74bbef1eb123RPGfzA8aAfmELnrktQANEFoI8_rIhG72QlI7Bf2yejBP2
  authorization:
   'q-sign-algorithm=sha1&q-ak=AKID1BjDKQujsTmFqVkbA6FQXn0ty7NDaR2dUnJixk7YkrvojKJzlwS1i8kisqvLSmIh&q-sign-time=1
  file_id:
   'cloud://learnwxbookscode-wsd001.6c65-learnwxbookscode-wsd001-1253682497/FeHelper-20191006171830.json',
  cos_file_id:
   'HP+A5OctfDpiezius/EXGOl5nIU+I1nyUHiPda3sXkMs8tjwVANc76fHR+Hqogemja71Ky38vMHwjTyAhqOLR54WFni2Na2aWBFQp4OoQG96o
```

图 11-13 运行文件 testuploadFile.js 后控制台中的输出结果

11.4.2 创建、运行文件 testbatchDownloadFile.js

在目录 firsttestapi 下创建文件 testbatchDownloadFile.js，代码如例 11-19 所示。

【例 11-19】 创建文件 testbatchDownloadFile.js 的代码示例。

```
var postandcreatefun = require('./postandcreatefun')
var data = {
    env:"learnwxbookscode-wsd001",
    file_list: {
            fileid:" cloud://learnwxbookscode - wsd001. 6c65 - learnwxbookscode - wsd001 -
1253682497/ demo.jpg",
        max_age:7200
    }
};
pcaf = new postandcreatefun('batchdownloadfile',data);
```

运行文件 testbatchDownloadFile.js，控制台中的输出结果如图 11-14 所示。

```
batchdownloadfile返回结果: 代码为 200 ，显示操作成功。
batchdownloadfile具体返回内容为: { errcode: 0,
  errmsg: 'ok',
  file_list:
   [ { fileid:
        'cloud://learnwxbookscode-wsd001.6c65-learnwxbookscode-wsd001-1253682497/ demo.jpg',
       download_url:
        'https://6c65-learnwxbookscode-wsd001-1253682497.tcb.qcloud.la/ demo.jpg',
       status: 0,
       errmsg: 'ok' } ] }
```

图 11-14 运行文件 testbatchDownloadFile.js 后控制台中的输出结果

11.4.3 创建、运行文件 testbatchDeleteFile.js

在目录 firsttestapi 下创建文件 testbatchDeleteFile.js，代码如例 11-20 所示。

【例 11-20】 创建文件 testbatchDeleteFile.js 的代码示例。

```
var postandcreatefun = require('./postandcreatefun')
var data = {
    env:"learnwxbookscode-wsd001",
fileid_list: [ " cloud://learnwxbookscode - wsd001. 6c65 - learnwxbookscode - wsd001 -
1253682497/2019 - 10 - 11_145634.jpg"]
};
pcaf = new postandcreatefun('batchdeletefile',data);
```

运行文件 testbatchDeleteFile.js，控制台中的输出结果如图 11-15 所示。

```
batchdeletefile返回结果：代码为 200 ，显示操作成功。
batchdeletefile具体返回内容为：{ errcode: 0,
  errmsg: 'ok',
  delete_list:
   [ { fileid:
        'cloud://learnwxbookscode-wsd001.6c65-learnwxbookscode-wsd001-1253682497/2019-10-11_145634.jpg',
       status: 0,
       errmsg: 'ok' } ] }
```

图 11-15　运行文件 testbatchDeleteFile.js 后控制台中的输出结果

11.5　调用获取 Token 的 API

视频讲解

11.5.1　创建、运行文件 testgetQcloudToken.js

在目录 firsttestapi 下创建文件 testgetQcloudToken.js，代码如例 11-21 所示。

【例 11-21】　创建文件 testgetQcloudToken.js 的代码示例。

```
var postandcreatefun = require('./postandcreatefun')
var data = {
    env:"learnwxbookscode-wsd001",
fileid_list: [ "cloud://learnwxbookscode-wsd001.6c65-learnwxbookscode-wsd001-1253682497/2019-10-11_145634.jpg"]
};
pcaf = new postandcreatefun('batchdeletefile',data);
```

11.5.2　运行文件 testgetQcloudToken.js

运行文件 testgetQcloudToken.js，控制台中的输出结果如图 11-16 所示。

```
getqcloudtoken返回结果：代码为 200 ，显示操作成功。
getqcloudtoken具体返回内容为：{ errcode: 0,
  errmsg: 'ok',
  secretid:
   'AKIDiV9YHw6gtE7kRQAzA7cywSiMMVE9DUETV8Ug2gbaHe7n1d0TiqUyJZ1bMa0Uwrll',
  secretkey: 'K6I0BFy1JD/ICLSNoEY7jR2Mbv4QpSVW74KrJw/ZIbM=',
  token:
   '9rx9pYJm5vnDEV2BlUZy3NqVYLA6Hkjz9aab083bdfe8683195e6dbf39783a546RPGfzA8aAfmELnrktQANEKEOoB2rxtVPZy_2YfEZ_c5sbk
  expired_time: 1570806990 }
```

图 11-16　运行文件 testgetQcloudToken.js 后控制台中的输出结果

习题 11

实验题

1. 使用 Node.js 实现对云函数 API 的调用。
2. 使用 Node.js 实现对数据库进行增、删、查、改操作 API 的调用。
3. 使用 Node.js 实现对数据库进行迁移相关操作 API 的调用。
4. 使用 Node.js 实现对存储进行相关操作 API 的调用。
5. 使用 Node.js 实现对获取 Token 的 API 的调用。

第12章 小程序与Spring Boot整合开发及云开发对比

本章结合一个示例,探讨 Spring Boot 和小程序的整合开发与完全云开发的对比。以客户端/服务器的体系结构来划分,12.1 节的介绍以 Spring Boot 为服务器(后端),而 12.2 节以微信小程序(含云开发)为客户端(前端),小程序和 Spring Boot 的整合方式实现,12.3 节则是完整的云开发方式实现。

12.1 Spring Boot 作为后端开发工具

12.1.1 添加依赖

在第 10 章项目 testwxmpchttpapi 的基础上进行本章的开发。

在 pom.xml 文件中 < dependencies >和</ dependencies >之间添加 Lombok、Spring Data JPA、MySQL 驱动依赖,代码如例 12-1 所示。

【例 12-1】 添加 Lombok、Spring Data JPA 和 MySQL 驱动依赖的代码示例。

```
< dependency >
        < groupId > org.projectlombok </groupId >
        < artifactId > lombok </artifactId >
        < optional > true </optional >
</dependency >
< dependency >
        < groupId > org.springframework.boot </groupId >
        < artifactId > spring-boot-starter-data-jpa </artifactId >
</dependency >
```

```xml
<!-- 使用 MySQL 的 Connector/J 驱动 -->
<dependency>
        <groupId>mysql</groupId>
        <artifactId>mysql-connector-java</artifactId>
</dependency>
```

12.1.2 创建类 Person

在包 com.bookcode 下创建 backend 子包,并在 com.bookcode.backend 包中创建类 Person,修改类 Person 的代码(由于创建类后一般需要修改类代码,所以后面章节为了叙述的简便,将创建类并修改类代码的过程直接简称为创建类),代码(即创建类后修改过的代码)如例 12-2 所示。

【例 12-2】 创建类 Person 的代码示例。

```java
package com.bookcode.backend;
import lombok.AllArgsConstructor;
import lombok.Data;
import lombok.NoArgsConstructor;
@Data
@NoArgsConstructor
@AllArgsConstructor
public class Person {
    private String name;
    private String pwd;
}
```

12.1.3 创建类 PersonController

在包 com.bookcode.backend 中创建类 PersonController,代码如例 12-3 所示。

【例 12-3】 创建类 PersonController 的代码示例。

```java
package com.bookcode.backend;
import org.springframework.web.bind.annotation.GetMapping;
import org.springframework.web.bind.annotation.RestController;
@RestController
public class PersonController {
    @GetMapping("/person")
    public Person getUserInfo(){
        Person person = new Person("guest","123456");
        return person;
    }
}
```

12.1.4 创建类 User

在包 com.bookcode.backend 中创建类 User,代码如例 12-4 所示。

【例 12-4】 创建类 User 的代码示例。

```java
package com.bookcode.backend;
import lombok.Data;
import javax.persistence.*;
@Data
@Entity
@Table(name = "user")
public class User {
    @Id
    @GeneratedValue(strategy = GenerationType.IDENTITY)
    private Long id;
    private String firstName;
    private String lastName;
    protected User() {}
    public User(String firstName, String lastName) {
        this.firstName = firstName;
        this.lastName = lastName;
    }
    @Override
    public String toString() {
        return String.format(
                "User[id = %d, firstName = '%s', lastName = '%s']",
                id, firstName, lastName);
    }
}
```

12.1.5 创建接口 UserRepository

在包 com.bookcode.backend 中创建接口 UserRepository,修改接口 UserRepository 代码(由于创建接口后一般需要修改接口代码,所以后面章节为了叙述的简便,将创建接口并修改接口代码的过程直接简称为创建接口),代码如例 12-5 所示。

【例 12-5】 创建接口 UserRepository 的代码示例。

```java
package com.bookcode.backend;
import org.springframework.data.jpa.repository.JpaRepository;
import java.util.List;
interface UserRepository extends JpaRepository<User, Long> {
    List<User> findByLastName(String lastname);
}
```

12.1.6 创建类 UserController

在包 com.bookcode.backend 中创建类 UserController,代码如例 12-6 所示。

【例 12-6】 创建类 UserController 的代码示例。

```java
package com.bookcode.backend;
import org.springframework.beans.factory.annotation.Autowired;
import org.springframework.web.bind.annotation.*;
import java.util.ArrayList;
import java.util.List;
@RestController
public class UserController {
    @Autowired
    private UserRepository userRepository;
    @GetMapping(path = "/add")
    @ResponseBody           //@ResponseBody 表明返回的是字符串而不是视图名
 public String addNewUser (@RequestParam String firstname , @RequestParam String lastname) {
        //@RequestParam 表示传入 User 构造器中的参数
        User user = new User(firstname,lastname);
        userRepository.save(user);
        return "Saved";
    }
    @GetMapping(path = "/finduser/{lastname}")           //根据 lastname 查找返回 user 信息
    @ResponseBody
    //@PathVariable 表示参数 lastname
    public  String finduser (@PathVariable("lastname")  String lastname){
        List<User> userList = userRepository.findByLastName(lastname);
        String users = "  ";
        for(User user:userList) {users += user.toString() + "     ";};
        return users;
    }
    //返回表中所有用户信息
    @GetMapping("/allusers")
    @ResponseBody
    public List<User> allusers (){
        List<User> users = new ArrayList<User>();
        users = userRepository.findAll();
        return users;
    }
}
```

12.1.7 创建配置文件 application.yml

在目录 src/resources 下创建配置文件 application.yml,修改配置文件 application.yml (由于创建配置文件 application.yml 后一般需要修改配置文件 application.yml,所以后面章节为了叙述的简便,将创建配置文件 application.yml 并修改配置文件 application.yml 代码的过程直接简称为创建配置文件 application.yml),代码如例 12-7 所示。

【例 12-7】 创建配置文件 application.yml 的代码示例。

```yaml
spring:
  datasource:
    driver-class-name: com.mysql.cj.jdbc.Driver
    url: jdbc:mysql://localhost:3306/mytest?serverTimezone=GMT%2B8&useUnicode=true&characterEncoding=UTF-8&useSSL=false
    username: root
    password: ws780125
  jpa:
    properties:
      hibernate:
        dialect:
          org: hibernate.dialect.MySQL5Dialect
    hibernate:
      ddl-auto: update
    show-sql: true
```

12.1.8 运行程序

在 MySQL 数据库(版本为 8.0.17)中创建数据库 mytest。请注意 5.x 版 MySQL 和 8.x 版 MySQL 例 12-7 中代码略有差异。

运行程序后,在浏览器中输入 localhost:8080/person,结果如图 12-1 所示。在浏览器中输入 localhost:8080/allusers,结果如图 12-2 所示。

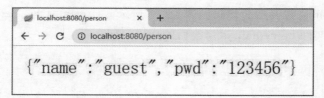

图 12-1 在浏览器中输入 localhost:8080/person 的结果

[{"id":1,"firstName":"zhang","lastName":"san"},
{"id":2,"firstName":"li","lastName":"si"},
{"id":3,"firstName":"wang","lastName":"wu"}]

图 12-2 在浏览器中输入 localhost:8080/allusers 的结果

12.2 微信小程序前端开发

12.2.1 修改文件 app.json

在 9.9 节项目 secondcloud 的基础上继续后续的开发。

视频讲解

修改文件 app.json，在 7.7 节代码的基础上进行前端开发，代码的修改方法是在语句 ""pages/callMySecondFun/callMySecondFun","之前增加 3 条语句，增加代码如例 12-8 所示。

【例 12-8】 向 app.json 文件增加代码的示例。

```
"pages/homeofsb/homeofsb",
"pages/users/users",
"pages/listperson/listperson",
```

修改代码后编译程序，自动在目录 pages 下生成 homeofsb、users、listperson 3 个子目录，且在这 3 个子目录（每个子目录对应一个页面）下分别自动生成对应页面的 4 个文件（如 homeofsb.wxml 等）。

12.2.2 修改 homeofsb 页面的 wxml、js 和 json 文件

修改文件 homeofsb.wxml、homeofsb.js 和 homeofsb.json。文件 homeofsb.wxml 修改后的代码如例 12-9 所示。

【例 12-9】 文件 homeofsb.wxml 修改后的代码示例。

```
<!-- pages/homeofsb/homeofsb.wxml -->
<text>pages/homeofsb/homeofsb.wxml</text>
<button type="primary" bindtap="callperson">访问/person 的结果</button>
<button type="primary" bindtap="callusers">获取所有 user 信息</button>
```

文件 homeofsb.js 修改后的代码如例 12-10 所示。

【例 12-10】 文件 homeofsb.js 修改后的代码示例。

```
//pages/homeofsb/homeofsb.js
Page({
  callperson: function(e) {
    wx.navigateTo({
      url: '../listperson/listperson',
    })
  },
  callusers: function(e) {
    wx.navigateTo({
      url: '../users/users',
    })
  }
})
```

文件 homeofsb.json 修改后的代码如例 12-11 所示。

【例 12-11】 文件 homeofsb.json 修改后的代码示例。

```
{
  "usingComponents": {},
  "navigationBarTitleText": "显示用户信息"
}
```

12.2.3 修改 listperson 页面的 wxml、js 和 json 文件

修改文件 listperson.wxml、listperson.js 和 listperson.json。文件 listperson.wxml 修改后的代码如例 12-12 所示。

【例 12-12】 文件 listperson.wxml 修改后的代码示例。

```
<!-- pages/listperson/listperson.wxml -->
<text>pages/listperson/listperson.wxml</text>
<view>用户信息</view>
<view>从 Spring Boot 中取到的用户名：{{name}}</view>
<view>从 Spring Boot 中取到的密码：{{pwd}}</view>
```

文件 listperson.js 修改后的代码如例 12-13 所示。

【例 12-13】 文件 listperson.js 修改后的代码示例。

```
//pages/listperson/listperson.js
Page({
  data: {
    name: '',
    pwd: '',
  },
  onLoad: function(options) {
    var name;
    var pwd;
    var that = this;
    wx.request({
      url: 'http://localhost:8080/person',
      method: 'GET',
      data: {},
      success: function(res) {
        console.log("返回数据是：" + JSON.stringify(res.data));
        name = res.data.name;
        pwd = res.data.pwd;
        that.setData({
          name: name,
          pwd: pwd
        })
      }
    });
  },
})
```

文件 listperson.json 修改后的代码如例 12-14 所示。

【例 12-14】 文件 listperson.json 修改后的代码示例。

```
{
  "usingComponents": {},
```

```
    "navigationBarTitleText": "显示用户信息"
}
```

12.2.4 修改 users 页面的 wxml、js、json 和 wxss 文件

修改文件 users.wxml、users.js、users.json 和 users.wxss。文件 users.wxml 修改后的代码如例 12-15 所示。

【例 12-15】 文件 users.wxml 修改后的代码示例。

```
<!-- pages/users/users.wxml -->
<text>pages/users/users.wxml</text>
<view class="container">
  <view class='widget'>
    <text class='column'>编号</text>
    <text class='column'>姓</text>
    <text class='column'>名</text>
  </view>
  <scroll-view scroll-y="true">
    <view>
      <block wx:for='{{list}}' wx:key='index'>
        <view class='widget'>
          <text class='column'>{{item.id}}</text>
          <text class='column'>{{item.firstName}}</text>
          <text class='column'>{{item.lastName}}</text>
        </view>
      </block>
    </view>
  </scroll-view>
</view>
```

文件 users.js 修改后的代码如例 12-16 所示。

【例 12-16】 文件 users.js 修改后的代码示例。

```
//pages/users/users.js
Page({
  onShow: function() {
    var that = this;
    wx.request({
      url: 'http://127.0.0.1:8080/allusers',
      method: 'GET',
      data: {},
      success: function(res) {
        var list = res.data;
        console.log(list);
        if (list == null) {
          var toastText = '获取数据失败' + res.data.errMsg;
          wx.showToast({
            title: toastText,
```

```
        icon: '',
        duration: 2000
      })
    }
    that.setData({
      list: list
    })
  }
 })
}
})
```

文件 users.json 修改后的代码如例 12-17 所示。

【例 12-17】 文件 users.json 修改后的代码示例。

```
{
  "usingComponents": {},
  "navigationBarTitleText": "显示用户信息"
}
```

文件 users.wxss 修改后的代码如例 12-18 所示。

【例 12-18】 文件 users.wxss 修改后的代码示例。

```
.container {
  height: 100%;
  display: table;
  align-items: center;
  justify-content: space-between;
  box-sizing: border-box;
  padding-top: 10rpx;
  padding-bottom: 10rpx;
  text-align: center;
}
.widget {
  position: relative;
  margin-top: 5rpx;
  margin-bottom: 5rpx;
  padding-top: 10rpx;
  padding-bottom: 10rpx;
  padding-left: 40rpx;
  padding-right: 40rpx;
  border: #ddd 1px solid;
}
.column {
  width: 4rem;
  display: table-cell;
  color: red;
  font-weight: bolder;
}
```

12.2.5 运行程序

编译程序后模拟器中的输出结果如图 12-3 所示。单击图 12-3 中的"访问/person 的结果"按钮,跳转到 listperson 页面,模拟器中的输出结果如图 12-4 所示。单击图 12-3 中的"获取所有 user 信息"按钮,跳转到 users 页面,模拟器中的输出结果如图 12-5 所示。

图 12-3　编译程序后模拟器中的输出结果

图 12-4　单击图 12-3 中"访问/person 的结果"按钮后模拟器中的输出结果

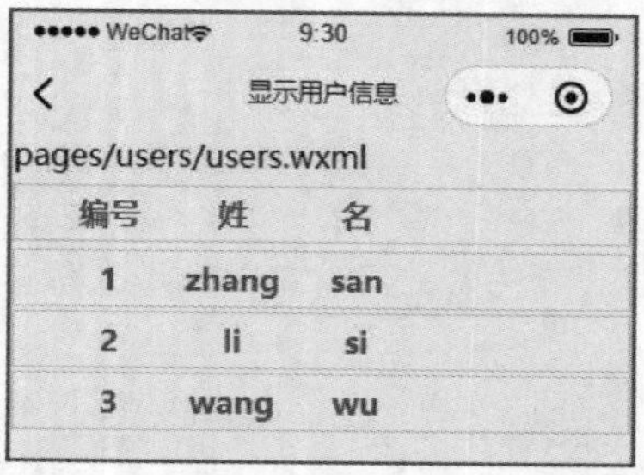

图 12-5　单击图 12-3 中"获取所有 user 信息"按钮后模拟器中的输出结果

对比图 12-1 和图 12-4,或者图 12-2 和图 12-5,可以发现微信小程序前端成功获取了 Spring Boot 后端的信息。

但是此实现过程较为复杂,涉及不同的技术栈。假如要考虑微信小程序支持 HTTPS 问题(请参考附录 C.3.2),实施将更加复杂。

12.3　同样效果的云开发实现

12.3.1　通过云开发控制台增加集合和记录

视频讲解

通过云开发控制台新建集合 person、添加一条记录,结果如图 12-6 所示。新建集合 users、添加 3 条记录,如图 12-7 所示。

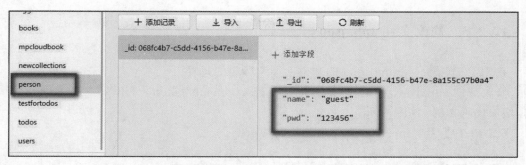

图 12-6　通过云开发控制台新建集合 person、添加一条记录的结果

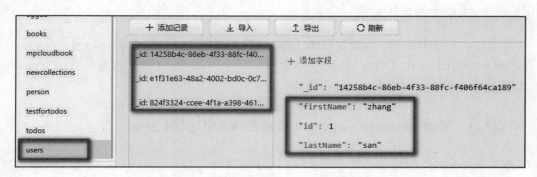

图 12-7　新建集合 users、添加 3 条记录的结果

12.3.2　通过云开发控制台设置两个集合权限

通过云开发控制台将集合的权限设置为"所有用户可读,仅创建者可读写",结果如图 12-8 所示。

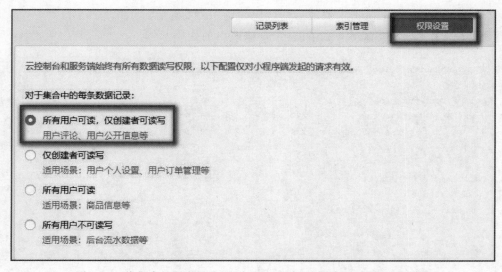

图 12-8　将集合权限设置为"所有用户可读,仅创建者可读写"的结果

12.3.3 修改文件 app.json

在12.2节项目secondcloud的基础上继续后续的开发。

修改文件app.json,在例12-8语句""pages/homeofsb/homeofsb","之前增加3条语句,增加代码如例12-19所示。

【例12-19】 向app.json文件增加代码的示例。

```
"pages/homeofwxmpcloud/homeofwxmpcloud",
"pages/allusers/allusers",
"pages/personinfo/personinfo",
```

修改代码后编译程序,自动在目录pages下生成homeofwxmpcloud、allusers、personinfo 3个子目录,且在这3个子目录(每个子目录对应一个页面)下分别自动生成对应页面的4个文件(如homeofwxmpcloud.wxml等)。

12.3.4 修改homeofwxmpcloud页面的wxml、js和json文件

修改文件homeofwxmpcloud.wxml、homeofwxmpcloud.js和homeofwxmpcloud.json。文件homeofwxmpcloud.wxml修改后的代码如例12-20所示。

【例12-20】 文件homeofwxmpcloud.wxml修改后的代码示例。

```
<!-- pages/homeofwxmpcloud/homeofwxmpcloud.wxml -->
<text>pages/homeofwxmpcloud/homeofwxmpcloud.wxml</text>
<button type="primary"  bindtap="callperson">获取/person信息</button>
<button type="primary"  bindtap="callusers">所有user信息</button>
```

文件homeofwxmpcloud.js修改后的代码如例12-21所示。

【例12-21】 文件homeofwxmpcloud.js修改后的代码示例。

```
//pages/homeofwxmpcloud/homeofwxmpcloud.js
Page({
  callperson: function(e) {
    wx.navigateTo({
      url: '../personinfo/personinfo',
    })
  },
  callusers: function(e) {
    wx.navigateTo({
      url: '../allusers/allusers',
    })
  }
})
```

文件homeofwxmpcloud.json修改后的代码如例12-22所示。

【例 12-22】 文件 homeofwxmpcloud.json 修改后的代码示例。

```
{
  "usingComponents": {},
  "navigationBarTitleText": "云开发显示用户信息"
}
```

12.3.5 修改 personinfo 页面的 wxml、js 和 json 文件

修改文件 personinfo.wxml、personinfo.js 和 personinfo.json。文件 personinfo.wxml 修改后的代码如例 12-23 所示。

【例 12-23】 文件 personinfo.wxml 修改后的代码示例。

```
<!-- pages/personinfo/personinfo.wxml -->
<text> pages/personinfo/personinfo.wxml </text>
<view>用户信息</view>
<view>从云函数中取到的用户名:{{name}}</view>
<view>从云函数中取到的密码:{{pwd}}</view>
```

文件 personinfo.js 修改后的代码如例 12-24 所示。

【例 12-24】 文件 personinfo.js 修改后的代码示例。

```
//pages/personinfo/personinfo.js
Page({
  data: {
    name: '',
    pwd: ''
  },
  onLoad: function(options) {
    var that = this
    var a = []
    var b = {}
    const db = wx.cloud.database()
    //get()方法会触发网络请求,从数据库中获取数据
    db.collection('person').get({
      success(res) {
        console.log(res)
        a = res.data[0]
        b = res
        that.setData({
          name: res.data[0].name,
          pwd: a.pwd
        })
        console.log(a)
        console.log(b.data[0].name)
      }
    })
  }
})
```

文件 personinfo.json 修改后的代码与例 12-22 代码相同。

12.3.6 修改 allusers 页面的 wxml、js、json 和 wxss 文件

修改文件 allusers.wxml、allusers.js、allusers.json 和 allusers.wxss。文件 allusers.wxml 修改后的代码如例 12-25 所示。

【例 12-25】 文件 allusers.wxml 修改后的代码示例。

```
<!-- pages/allusers/allusers.wxml -->
<text>pages/allusers/allusers.wxml</text>
<view class="container">
  <view class='widget'>
    <text class='column'>编号</text>
    <text class='column'>姓</text>
    <text class='column'>名</text>
  </view>
  <scroll-view scroll-y="true">
    <view>
      <block wx:for='{{list}}' wx:key='index'>
        <view class='widget'>
          <text class='column'>{{item.id}}</text>
          <text class='column'>{{item.firstName}}</text>
          <text class='column'>{{item.lastName}}</text>
        </view>
      </block>
    </view>
  </scroll-view>
</view>
```

文件 allusers.js 修改后的代码如例 12-26 所示。

【例 12-26】 文件 allusers.js 修改后的代码示例。

```
//pages/allusers/allusers.js
Page({
  data: {
    list: []
  },
  onLoad: function(options) {
    var that = this;
    const db = wx.cloud.database()
    //get()方法会触发网络请求,从数据库中获取数据
    db.collection('users').get({
      success(res) {
        console.log(res)
        that.setData({
          list: res.data,
        })
      }
    })
  }
})
```

文件 allusers.json 修改后的代码与例 12-22 相同。
文件 allusers.wxss 修改后的代码与例 12-18 相同。

12.3.7 运行程序

编译程序后模拟器中的输出结果如图 12-9 所示。单击图 12-9 中的"获取/person 信息"按钮,跳转到 personinfo 页面,模拟器中的输出结果如图 12-10 所示。单击图 12-9 中的"所有 user 信息"按钮,跳转到 allusers 页面,模拟器中的输出结果如图 12-11 所示。

图 12-9 编译程序后模拟器中的输出结果

图 12-10 单击图 12-9 中"获取/person 信息"按钮后模拟器中的输出结果

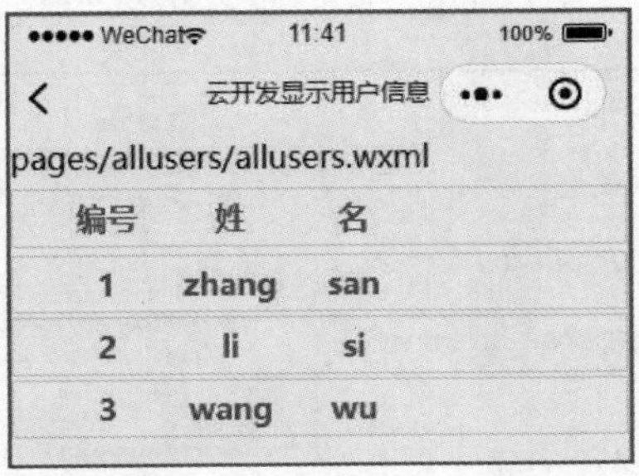

图 12-11 单击图 12-9 中"所有 user 信息"按钮后模拟器中的输出结果

对比图 12-3 和图 12-9,或者图 12-4 和图 12-10,以及图 12-5 和图 12-11,可以发现 12.1 节、12.2 节的综合结果和 12.3 节结果相同。对比两种方案,可以发现云开发方法更为简便。

习题 12

实验题
以两种方式实现本章案例,并比较两种方式的异同点。

第13章 案例

视频讲解

本章结合一个案例说明云开发的开发步骤,并介绍云开发相关知识的应用。

13.1 准备工作

13.1.1 通过云开发控制台增加集合 city 和记录、上传文件

通过云开发控制台新建集合 city、添加一条记录,结果如图 13-1 所示。通过云开发控制台将集合的权限设置为"所有用户可读,仅创建者可读写",结果如图 12-8 所示。

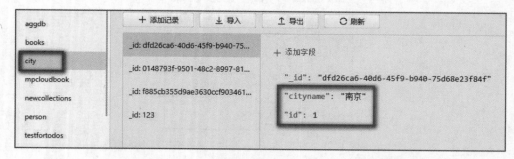

图 13-1　通过云开发控制台新建集合 city、添加一条记录的结果

上传一个城市信息文件,以便于后面的测试。

13.1.2 实现云函数 addcityinfomationfun

在 11 章项目 secondcloud 的基础上继续后续的开发。
实现云函数 addcityinfomationfun,修改后的文件 index.js 代码示例 13-1 所示。

【例 13-1】 云函数 addcityinfomationfun 修改后的文件 index.js 代码示例。

```
const cloud = require('wx-server-sdk')
cloud.init()
const db = cloud.database()
exports.main = async(event, context) => {
  const aid = event.aid
  const aname = event.aname
  var flagindex = 0
  const resgetalldocs = await db.collection('city').where({
    id: aid
  }).count()
  flagindex = resgetalldocs.total;
  if (flagindex > 0) {} else {
    const resaddadoc = await db.collection('city').add({
      data: {
        id: aid,
        cityname: aname
      }
    })
  }
  return {
    resgetalldocs,
    flagindex
  }
}
```

对函数 addcityinfomationfun 进行本地调试、上传和部署。

13.1.3 实现云函数 deleteacityfun

实现云函数 deleteacityfun，修改后的文件 index.js 代码示例 13-2 所示。

【例 13-2】 云函数 deleteacityfun 修改后的文件 index.js 代码示例。

```
const cloud = require('wx-server-sdk')
cloud.init()
const db = cloud.database()
exports.main = async(event, context) => {
  var id = event.id
  var s = ''
  const docfind = await db.collection('city')
    .where({
      id: id
    }).get({})
  const dt = docfind.data[0]._id
  const resdel = await db.collection('city').doc(dt).remove({
    success: console.log,
    fail: console.error
```

```
    })
    s = resdel
    return {
      dt,
      s
    }
}
```

13.1.4 修改文件 app.json

在项目 secondcloud 的基础上继续后续的开发。

修改文件 app.json,在 12.3 节例 12-19 语句" "pages/homeofwxmpcloud/homeofwxmpcloud","之前增加 4 条语句,增加代码如例 13-3 所示。

【例 13-3】 向 app.json 文件增加代码的示例。

```
"pages/homeofcitycloud/homeofcitycloud",
"pages/listcities/listcities",
"pages/cityoperation/cityoperation",
"pages/tellerror/tellerror",
```

修改代码后编译程序,自动在目录 pages 下生成 homeofcitycloud、listcities、cityoperation、tellerror 4 个子目录,且在这 4 个子目录(每个子目录对应一个页面)下分别自动生成对应页面的 4 个文件(如 homeofcitycloud.wxml 等)。

13.2 4 个页面的实现

13.2.1 修改 homeofcitycloud 页面的 wxml、js 文件

修改文件 homeofcitycloud.wxml 和 homeofcitycloud.js。文件 homeofcitycloud.wxml 修改后的代码如例 13-4 所示。

【例 13-4】 文件 homeofcitycloud.wxml 修改后的代码示例。

```
<!-- pages/homeofcitycloud/homeofcitycloud.wxml -->
<text>pages/homeofcitycloud/homeofcitycloud.wxml</text>
<button type="primary" bindtap="downloadcityinfo">下载城市信息文件</button>
<button type="primary" bindtap="listcityinfo">显示城市信息</button>
```

文件 homeofcitycloud.js 修改后的代码如例 13-5 所示。

【例 13-5】 文件 homeofcitycloud.js 修改后的代码示例。

```
//pages/homeofcitycloud/homeofcitycloud.js
Page({
  downloadcityinfo: function() {
```

```
        wx.cloud.downloadFile({
            fileID: 'cloud://learnwxbookscode-wsd001.6c65-learnwxbookscode-wsd001/
testcloudstorage/database_export-vL4b2ZZ5hIED.json',
            success: res => {
                //返回临时文件的路径
                console.log(res.tempFilePath)
                wx.saveFile({
                    tempFilePath: res.tempFilePath,
                    success(res) {
                        const savedFilePath = res.savedFilePath
                        console.log(savedFilePath)
                    }
                })
            },
            fail: console.error
        })
    },
    listcityinfo: function() {
        wx.navigateTo({
            url: '../listcities/listcities',
        })
    }
})
```

13.2.2 修改 listcities 页面的 wxml、js 和 wxss 文件

修改文件 listcities.wxml、listcities.js 和 listcities.wxss。文件 listcities.wxml 修改后的代码如例 13-6 所示。

【例 13-6】 文件 listcities.wxml 修改后的代码示例。

```
<!-- pages/listcities/listcities.wxml -->
<text>pages/listcities/listcities.wxml</text>
<view class="container">
  <view class='widget'>
    <text class='column'>编号</text>
    <text class='column'>城市名称</text>
    <text class='link-column'>操作</text>
  </view>
  <scroll-view scroll-y="true">
    <view>
      <block wx:for='{{list}}' wx:key="index">
        <view class='widget'>
          <text class='column'>{{item.id}}</text>
          <text class='column'>{{item.cityname}}</text>
          <view class='link-column'>
            <text class='link' bindtap='editCity' data-editid='{{item.id}}' data-editname='{{item.cityname}}' data-editindex='{{index}}'>编辑</text>
```

```
              <text class = 'link' bindtap = 'deleteCity' data - id = '{{item.id}}' data - cityname = 
'{{item.cityname}}' data - index = '{{index}}'>删除</text>
          </view>
        </view>
      </block>
    </view>
  </scroll - view>
  <button type = 'primary' bindtap = 'addCity'>添加城市</button>
</view>
```

文件 listcities.js 修改后的代码如例 13-7 所示。

【例 13-7】 文件 listcities.js 修改后的代码示例。

```
//pages/listcities/listcities.js
Page({
  data: {
    list: [],
    id: null,
    cityname: '',
    count: null
  },
  onLoad: function(options) {
    var that = this;
    const db = wx.cloud.database()
    db.collection('city').get({
      success(res) {
        console.log(res)
        that.setData({
          list: res.data,
        })
      }
    })
  },
  addCity: function() {
    wx.navigateTo({
      url: '../cityoperation/cityoperation'
    })
  },
  editCity: function(e) {
    var id = parseInt(e.currentTarget.dataset.editid);
    var cityname = e.currentTarget.dataset.editname
    console.log(id)
    wx.redirectTo({
      url: '../cityoperation/cityoperation?id = ' + id + '&cityname = ' + cityname,
    })
  },
  deleteCity: function(e) {
    var id = e.currentTarget.dataset.id;
    wx.showModal({
```

```
        title: '警示',
        content: '您真的要删除这个城市吗?',
        success: function(res) {
          wx.cloud.callFunction({
            name: 'deleteacityfun',
            data: {
              id: parseInt(id)
            },
            success: function(res) {
              wx.redirectTo({
                url: '../listccities/listcities',
              })
            }
          })
        }
      })
    }
  })
}
})
```

文件 listcities.wxss 修改后的代码如例 13-8 所示。

【例 13-8】 文件 listcities.wxss 修改后的代码示例。

```
/* pages/listcities/listcities.wxss */
.container {
  height: 100%;
  display: table;
  align-items: center;
  justify-content: space-between;
  box-sizing: border-box;
  padding-top: 10rpx;
  padding-bottom: 10rpx;
  text-align: center;
}
.widget {
  position: relative;
  margin-top: 5rpx;
  margin-bottom: 5rpx;
  padding-top: 10rpx;
  padding-bottom: 10rpx;
  padding-left: 40rpx;
  padding-right: 40rpx;
  border: #ddd 1px solid;
}
.column {
  width: 4rem;
  display: table-cell;
}
.link-column {
  width: 6rem;
  display: table-cell;
}
```

13.2.3 修改 cityoperation 页面的 wxml、js 和 wxss 文件

修改文件 cityoperation.wxml、cityoperation.js 和 cityoperation.wxss。文件 cityoperation.wxml 修改后的代码如例 13-9 所示。

【例 13-9】 文件 cityoperation.wxml 修改后的代码示例。

```
<!-- pages/cityoperation/cityoperation.wxml -->
<text>pages/cityoperation/cityoperation.wxml</text>
<view class='container'>
  <form bindsubmit='formSubmit' bindreset='formReset'>
    <view class='row'>
      <text>城市 id: </text>
      <input type='text' name='id' placeholder='请输入城市 id(数字)' value='{{id}}'>
</input>
    </view>
    <view class='row'>
      <text>城市名称: </text>
      <input type='text' name='cityname' placeholder='请输入城市名称' value='{{cityname}}'></input>
    </view>
    <view class='row'>
      <button type='primary' form-type='submit'>提交</button>
      <button type='primary' form-type='reset'>重置</button>
    </view>
  </form>
</view>
```

文件 cityoperation.js 修改后的代码如例 13-10 所示。

【例 13-10】 文件 cityoperation.js 修改后的代码示例。

```
//pages/cityoperation/cityoperation.js
Page({
  data: {
    id: null,
    cityname: ''
  },
  onLoad: function(options) {
    //页面初始化,options 为页面跳转所带来的参数
    var that = this
    that.setData({
      id: options.id,
      cityname: options.cityname
    })
  },
  formReset: function() {
    wx.redirectTo({
      url: '../listcities/listcities',
```

```
    })
  },
  //提交表单
  formSubmit: function(e) {
    var that = this;
    var formData = e.detail.value;        //获取表数据
    console.log(formData)
    wx.cloud.callFunction({
      name: 'addcityinfomationfun',
      data: {
        aid: parseInt(formData.id),
        aname: formData.cityname,
      },
      success: function(res) {
        var cdocs = res.result.flagindex
        if (cdocs > 0) {
          wx.redirectTo({
            url: '../tellerror/tellerror',
          })
        } else {
          wx.redirectTo({
            url: '../listcities/listcities',
          })
        }
      },
      fail: console.error
    })
  }
})
```

文件 cityoperation.wxss 修改后的代码如例 13-11 所示。

【例 13-11】 文件 cityoperation.wxss 修改后的代码示例。

```
/ * pages/cityoperation/cityoperation.wxss * /
.container {
  padding: 1rem;
  font-size: 0.9rem;
  line-height: 1.5rem;
}
.row {
  display: flex;
  align-items: center;
  margin-bottom: 0.8rem;
}
.row text {
  flex-grow: 1;
  text-align: right;
}
.row input {
```

```
    font-size: 0.7rem;
    flex-grow: 3;
    border: 1px solid #09c;
    display: inline-block;
    border-radius: 0.3rem;
    box-shadow: 0 0 0.15rem #aaa;
  padding: 0.3rem;
}
.row button {
    padding: 0.2rem;
    margin: 3rem 1rem;
}
```

13.2.4 修改 tellerror 页面的 wxml 和 js 文件

修改文件 tellerror.wxml 和 tellerror.js。文件 tellerror.wxml 修改后的代码如例 13-12 所示。

【例 13-12】 文件 tellerror.wxml 修改后的代码示例。

```
<!-- pages/tellerror/tellerror.wxml -->
<text>pages/tellerror/tellerror.wxml</text>
<view>您输入的城市已经存在了.</view>
<button type='primary' bindtap='toaddCitypage'>添加城市</button>
<button type='primary' bindtap='tohomepage'>返回主页</button>
<button type='primary' bindtap='tolistpage'>显示城市信息</button>
```

文件 tellerror.js 修改后的代码如例 13-13 所示。

【例 13-13】 文件 tellerror.js 修改后的代码示例。

```
//pages/tellerror/tellerror.js
Page({
  toaddCitypage: function() {
    wx.navigateTo({
      url: '../cityoperation/cityoperation',
    })
  },
  tohomepage: function() {
    wx.navigateTo({
      url: '../homeofcitycloud/homeofcitycloud',
    })
  },
  tolistpage: function() {
    wx.navigateTo({
    url: '../listcities/listcities',
    })
  }
})
```

13.3 运行程序

13.3.1 首页

编译程序后模拟器中的输出结果如图 13-2 所示。单击图 13-2 中的“下载城市信息文件”按钮，控制台中的输出结果如图 13-3 所示。

●●●●● WeChat 19:20 100%
云开发 QuickStart
pages/homeofcitycloud/homeofcitycloud.
下载城市信息文件
显示城市信息

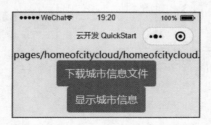

图 13-2 编译程序后模拟器中的输出结果

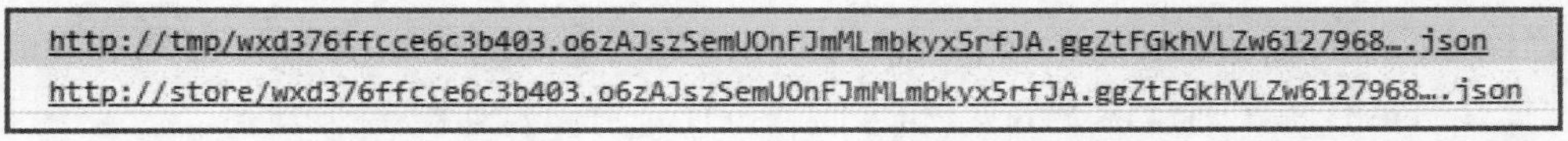
http://tmp/wxd376ffcce6c3b403.o6zAJszSemUOnFJmMLmbkyx5rfJA.ggZtFGkhVLZw6127968….json
http://store/wxd376ffcce6c3b403.o6zAJszSemUOnFJmMLmbkyx5rfJA.ggZtFGkhVLZw6127968….json

图 13-3 单击图 13-2 中的“下载城市信息文件”按钮后控制台中的输出结果

13.3.2 显示页

单击图 13-2 中的“显示城市信息”按钮，跳转到显示页(与页面 listcities 对应)，模拟器中的输出结果如图 13-4 所示。

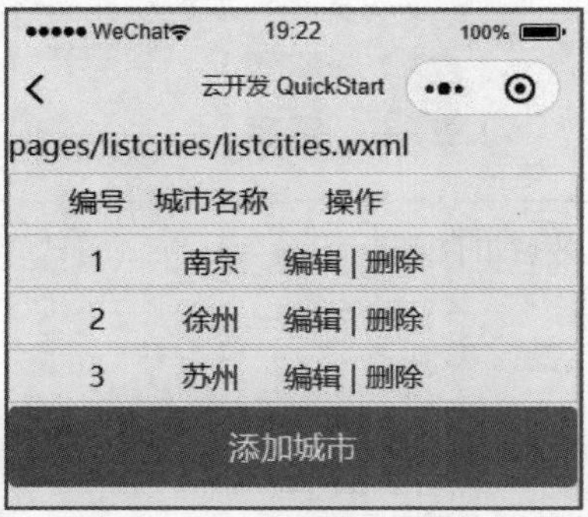
●●●●● WeChat 19:22 100%
云开发 QuickStart
pages/listcities/listcities.wxml
编号 城市名称 操作
1 南京 编辑 | 删除
2 徐州 编辑 | 删除
3 苏州 编辑 | 删除
添加城市

图 13-4 单击图 13-2 中“显示城市信息”按钮后模拟器中的输出结果

13.3.3 添加页

单击图 13-4 中的“添加城市”按钮，跳转到添加页(与页面 cityoperation 对应)，模拟器中的输出结果如图 13-5 所示。在图 13-5 中，输入有效城市信息，如图 13-6 所示，单击“提交”按钮后，成功增加了一条城市信息。

图 13-5　单击图 13-4 中"添加城市"按钮后模拟器中的输出结果

图 13-6　输入有效城市信息界面

13.3.4　错误提示页

在图 13-5 中，输入无效城市信息（输入城市 id 与已有的城市 id 冲突），如图 13-7 所示，单击"提交"按钮，跳转到错误提示页（和页面 tellerror 对应），如图 13-8 所示。

图 13-7　输入无效城市信息界面（输入城市 id 与已有的城市 id 冲突）

图 13-8　错误提示页结果

13.3.5 操作相关页

在图 13-4 中,单击第 4 条记录(无锡)后的"编辑"超链接,结果如图 13-9 所示。单击"删除"超链接,结果如图 13-10 所示。单击"确定"按钮,成功删除一条记录。

图 13-9　单击图 13-4 中第 4 条记录后的"编辑"超链接后模拟器中的输出结果

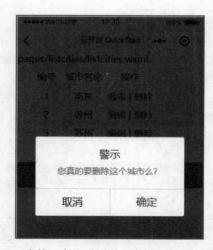

图 13-10　单击图 13-4 中第 4 条记录后的"删除"超链接后模拟器中的输出结果

习题 13

实验题

1. 独立实现本章的案例。

2. 独立实现附录 C 中的案例,并比较本章案例和附录 C 案例实现的异同点,加深小程序和 Spring Boot 整合开发与完全云开发对比的认识。

附录A

微信开发者工具的下载、安装

A.1 微信开发者工具的下载

为了帮助开发者简单、高效地开发微信小程序，微信官方推出了微信开发者工具，该工具具有代码编辑、调试、发布等功能。图 A-1 中给出了到 2019 年 10 月 26 日为止适用于 Windows 64 位、Windows 32 位和 Mac OS 的最新稳定版本（1.02.1910120 版）开发工具下载网站界面。具体网址依次为：

```
https://dldir1.qq.com/WechatWebDev/1.2.0/201910120/wechat_devtools_1.02.1910120_x64.exe
https://dldir1.qq.com/WechatWebDev/1.2.0/201910120/wechat_devtools_1.02.1910120_ia32.exe
https://dldir1.qq.com/WechatWebDev/1.2.0/201910120/wechat_devtools_1.02.1910120_dmg
```

图 A-1 微信开发者工具下载网站界面

A.2 微信开发者工具的安装

下载完微信开发者工具后,可以安装该工具。例如,图 A-2~图 A-6 是安装 Windows 64 位版微信开发者工具的过程截图。开发工具安装完成后,会在计算机桌面上添加"微信开发者工具"图标,如图 A-7 所示。

双击计算机桌面上添加的"微信开发者工具"图标,然后用微信扫描二维码,登录开发者工具,如图 A-8 所示。注意,此步骤中不同开发者生成的二维码不同。扫描登录成功后如图 A-9 所示。

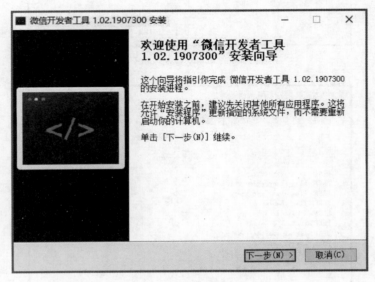

图 A-2 安装第 1 步

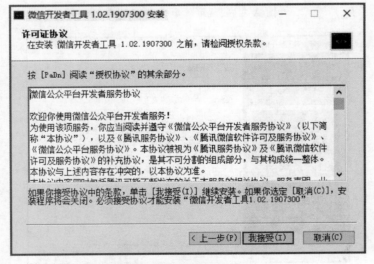

图 A-3 安装第 2 步

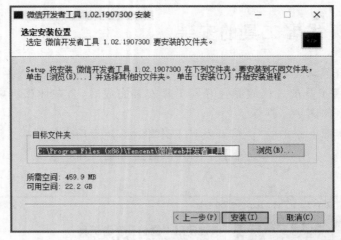

图 A-4 安装第 3 步

图 A-5 安装第 4 步(安装过程中)

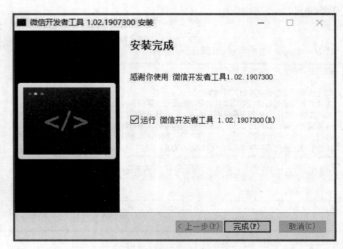

图 A-6 安装第 5 步(安装完成)

附录A 微信开发者工具的下载、安装

图 A-7 微信开发者工具图标

图 A-8 扫描登录"微信开发者工具"

图 A-9 扫描成功登录"微信开发者工具"

附录B

Spring Boot开发基础简介

本附录主要介绍如何配置Spring Boot的开发环境、如何用IDEA实现Hello World项目、以Hello World应用为例说明项目属性配置、Spring Boot开发的一般步骤等内容。

B.1 配置开发环境

Pivotal团队设计Spring Boot的目的是简化Spring Boot应用的搭建和开发过程。Spring Boot使用特定的方式进行配置,从而使开发人员不再需要定义样板化的配置。通过这种方式,Spring Boot致力于在蓬勃发展的快速应用开发领域成为领导者。Spring Boot的特点包括创建独立的Spring Boot应用程序、自动配置Spring Boot等。

在进行Spring Boot开发之前,先要配置好开发环境(本书选用IDEA)。配置开发环境,需要先安装JDK,然后安装IDEA。

B.1.1 安装JDK

使用2.0.0以上版本的Spring Boot需要安装1.8及以上版本的JDK,可以从Java的官方网站(http://www.oracle.com/technetwork/java/javase/downloads/index.html)下载安装包。安装完成后,配置环境JAVA_HOME。配置好JAVA_HOME后,将%JAVA_HOME%\bin加入系统的环境变量path中。完成配置后,打开Windows命令处理程序CMD,输入命令java -version,如果见到如图B-1所示的版本信息就说明JDK安装成功了。

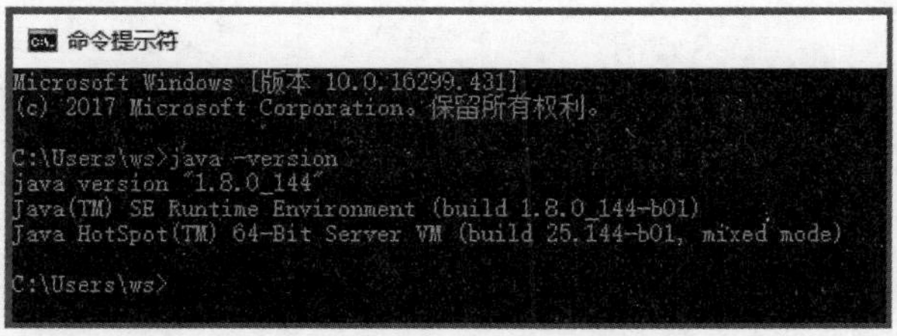

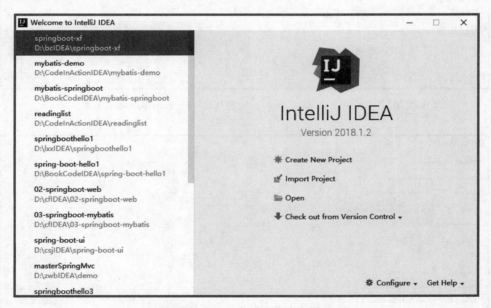

图 B-1　JDK 安装成功后显示的版本信息

B.1.2　安装 IDEA

可以从 IntelliJ IDEA 官方网站(https://www.jetbrains.com)下载免费的社区版或者旗舰试用版 IDEA(对学校学生和教师,旗舰版也是免费注册使用的),然后进行安装,安装完成后打开 IDEA,将显示如图 B-2 所示的欢迎界面。

图 B-2　IDEA 启动后的欢迎界面

B.2　实现 Hello World 的 Web 应用

B.2.1　利用 IDEA 创建项目

视频讲解

先在如图 B-2 所示的欢迎界面中选择 Create New Project 链接进入项目创建界面,并选择 Spring Initializr 类型的项目,如图 B-3 所示。

接着,单击 Next 按钮跳转到项目信息的设置界面,IDEA 创建新项目时要根据项目情况设置项目的元数据(Project Metadata);设置项目元数据的界面如图 B-4 所示。

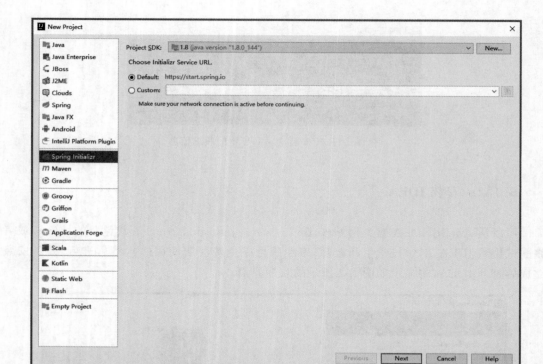

图 B-3　在 IDEA 中创建 New Project 时选择 Spring Initializr 类型项目的界面

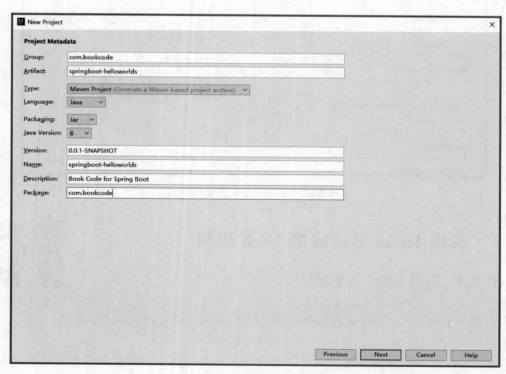

图 B-4　IDEA 创建新项目时设置项目元数据(Project Metadata)的界面

如图 B-4 所示，在所创建项目 Group 后面输入 com.bookcode，在 Artificial 后输入 springboot-helloworlds。所创建项目的管理工具类型 Type 选择 Maven Project。由于目前 Maven 的参考资料比 Gradle 的参考资料更多且更容易获取，本书使用 Maven 进行项目管理。开发语言 Language 选择 Java，打包方式 Packaging 选择 Jar，开发工具 Java 的版本 Java Version 选择 8（也称为 1.8），所创建项目的版本 Version 保留自动生成的 0.0.1-SNAPSHOT，项目名称 Name 保留自动生成的 springboot-helloworlds，项目描述 Description 可以修改为 Book Code for Spring Boot，所创建项目默认的包名 Package 可以修改为 com.bookcode。

填写完项目的元数据后，单击 Next 按钮就可以进入选择项目依赖（Dependencies）的界面，如图 B-5 所示。在图 B-5 中，IDEA 自动选择了 Spring Boot 的最新版本（如本例中 2.2.0 版），也可以手动选择所需要的版本；再手动为所创建的项目（springboot-helloworlds）选择 Web 依赖。选择完 Web 依赖，IDEA 就可以帮助开发者完成 Web 项目的初始化工作。创建项目时，也可以不选择任何依赖，而在文件 pom.xml 中添加所需要的依赖。

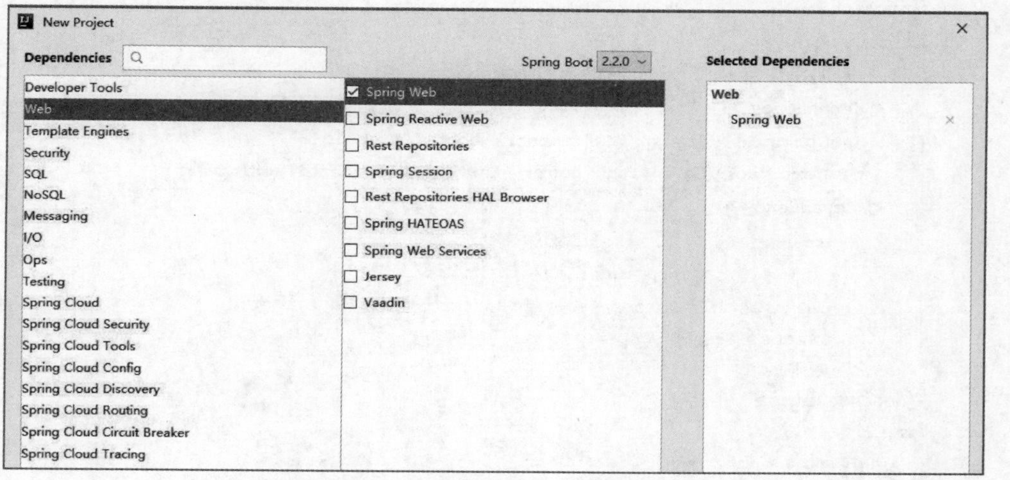

图 B-5　IDEA 创建新项目时选择项目依赖（Dependencies）的界面

单击 Next 按钮后，进入项目名称（Project name）和项目位置（Project location）的显示页面，可以直接保留由图 B-4 生成的项目名称、位置默认值，也可以根据需要直接修改项目名称和项目位置。然后，单击 Finish 按钮，就可以进入项目界面。由于所创建的项目管理类型为 Maven Project，所以项目中 pom.xml 文件是一个关键文件，其代码如例 B-1 所示。

【例 B-1】　pom.xml 文件代码示例。

```xml
<?xml version="1.0" encoding="UTF-8"?>
<project xmlns="http://maven.apache.org/POM/4.0.0"
    xmlns:xsi="http://www.w3.org/2001/XMLSchema-instance"
    xsi:schemaLocation="http://maven.apache.org/POM/4.0.0
                        http://maven.apache.org/xsd/maven-4.0.0.xsd">
    <modelVersion>4.0.0</modelVersion>
    <groupId>com.bookcode</groupId>
    <artifactId>springboot-helloworlds</artifactId>
    <version>0.0.1-SNAPSHOT</version>
```

```xml
<packaging>jar</packaging>
<name>springboot-helloworlds</name>
<description>Book Code for Spring Boot</description>
<parent>
    <groupId>org.springframework.boot</groupId>
    <artifactId>spring-boot-starter-parent</artifactId>
    <version>2.2.0.RELEASE</version>
    <relativePath/> <!-- lookup parent from repository -->
</parent>
<properties>
    <project.build.sourceEncoding>UTF-8</project.build.sourceEncoding>
    <project.reporting.outputEncoding>UTF-8</project.reporting.outputEncoding>
    <java.version>1.8</java.version>
<!-- 上面加粗内容和图 B-4 中设置的项目元数据对应 -->
</properties>
<dependencies>
<!-- 下面加粗内容和图 B-5 中选择的 Web 依赖对应 -->
    <dependency>
        <groupId>org.springframework.boot</groupId>
        <artifactId>spring-boot-starter-web</artifactId>
    </dependency>
    <dependency>
        <groupId>org.springframework.boot</groupId>
        <artifactId>spring-boot-starter-test</artifactId>
        <scope>test</scope>
    </dependency>
</dependencies>
<build>
    <plugins>
        <plugin>
            <groupId>org.springframework.boot</groupId>
            <artifactId>spring-boot-maven-plugin</artifactId>
        </plugin>
    </plugins>
</build>
</project>
```

例 B-1 代码中加粗部分代码与在图 B-4 和图 B-5 中输入的项目元数据对应，而其他代码是 IDEA 自动生成的辅助内容。< parent >和</ parent >之间的内容表示父依赖，是一般项目都要用到的基础内容，其中包含了项目中用到的 Spring Boot 的版本信息。< properties >和</ properties >之间的内容表示了项目中所用到的 Java 版本信息和编码格式。< dependencies >和</ dependencies >之间的信息是 Maven 的重点内容，包含了项目中所用到的依赖信息，例如< artifactId > spring-boot-starter-web </artifactId >表示要用到 Web 依赖。< build >和</ build >之间的内容表示编译运行时要用到的相关插件。

至此，完成了项目的创建工作。在此基础上就可以进行 Spring Boot 的项目开发了。

B.2.2 用 IDEA 实现 Hello World 的 Web 应用

IDEA 创建完项目之后,项目中目录和文件的构成情况如图 B-6 所示。

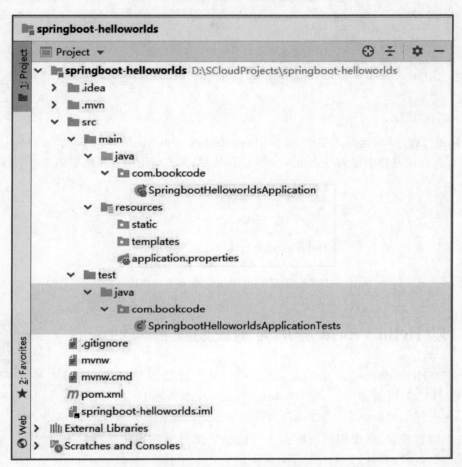

图 B-6　IDEA 创建项目后项目的目录和文件构成情况

　　Spring Boot 项目中的目录、文件可以分为 3 大部分。其中,src/main/java 目录下包括主程序入口类 SpringbootHelloworldsApplication,可以运行该类来启动程序,开发时需要在此目录下添加所需的接口、类等文件。src/main/resources 是配置目录,该目录用来存放应用的一些配置信息,如配置服务器端口、数据源的配置文件 application.properties。由于开发的是 Web 应用,因此在 src/main/resources 下产生了 static 子目录与 templates 子目录,static 子目录主要用于存放静态资源,如图片、CSS、JavaScript 等文件;templates 子目录主要用于存放 Web 页面动态视图文件。src/test/java 是单元测试目录,自动生成的测试文件 SpringbootHelloworldsApplicationTests 位于该目录下,用该测试文件可以测试 Spring Boot 应用。

　　在自动生成的目录和文件的基础上,在 com.bookcode 包下新建 controller 子包,然后,在 controller 子包中创建类 HelloWorldController,代码如例 B-2 所示。

【例 B-2】 创建类 HelloWorldController 代码示例。

```
package com.bookcode.controller;
import org.springframework.web.bind.annotation.RequestMapping;
import org.springframework.web.bind.annotation.RestController;
@RestController                              //返回的默认结果为字符串
public class HelloWorldController {
    @RequestMapping("/hello")                //映射信息,往往是 URL 的组成部分
    public String hello(){
        return "Hello World!";
    }
}
```

接着运行程序（即运行入口类 SpringbootHelloworldsApplication），成功启动自带的内置 Tomcat。在浏览器中输入/localhost:8080/hello 后，浏览器中的显示结果如图 B-7 所示。

图 B-7　IDEA 实现 Hello World 的 Web 应用运行结果

B.3　以 Hello World 应用为例说明项目属性配置

视频讲解

在实现 Hello World 应用的基础上，可以基于项目属性配置实现对 Hello World 应用的扩展。在 Spring Boot 中主要通过 application.properties 文件、application.yml 文件实现对属性的配置。这两种文件的格式不同，但内容对应、作用相同。配置文件的默认执行顺序依次是项目根目录下 config 子目录、项目根目录、项目 classpath 子目录下的 config 子目录、项目 classpath 子目录。

B.3.1　配置项目内置属性

可以修改配置文件 application.properties，配置项目内置属性，代码如例 B-3 所示。

【例 B-3】 配置文件 application.properties 修改后的代码示例。

```
#配置项目内置属性,修改端口
server.port = 8888
server.servlet.context-path = /website
```

运行程序后，在浏览器中输入 localhost:8888/website/hello，结果如图 B-8 所示。对比例 B-2、例 B-3 中的代码和图 B-7、图 B-8 中的 URL，可以发现例 B-3 通过配置文件修改了服务器默认的端口和路径。

图 B-8　修改 Web 应用 Hello World 的服务器默认端口和路径配置后的结果

B.3.2　自定义属性设置

可以修改配置文件 application.properties 来自定义项目属性，修改后的代码如例 B-4 所示。

【例 B-4】　配置文件 application.properties 修改后的代码示例。

```
#自定义属性
server.port = 8888
server.servlet.context-path = /website
helloWorld = Hello SpringBoot!
mysql.jdbcName = com.mysql.jdbc.Driver
mysql.dbUrl = jdbc:mysql://localhost:3306/mytest
mysql.userName = root
mysql.password = sa
```

再修改类 HelloWorldController，修改后的代码如例 B-5 所示。

【例 B-5】　类 HelloWorldController 修改后的代码示例。

```
package com.bookcode.controller;
import org.springframework.web.bind.annotation.RequestMapping;
import org.springframework.web.bind.annotation.RestController;
import org.springframework.beans.factory.annotation.Value;
@RestController                              //返回的默认结果为字符串
public class HelloWorldController {
@Value("${helloWorld}")                      //注入属性值
    private String hello;
@Value("${mysql.jdbcName}")
    private String jdbcName;
@Value("${mysql.dbUrl}")
    private String dbUrl;
@Value("${mysql.userName}")
    private String userName;
@Value("${mysql.password}")
    private String password;
@RequestMapping("/hello")                    //映射信息，往往是 URL 的组成部分
    public String hello(){
        return  hello;
    }
@RequestMapping("/showJdbc")                 //映射信息，往往是 URL 的组成部分
    public String showJdbc(){
```

```
            return "mysql.jdbcName:" + jdbcName + "< br/>"
                    + "mysql.dbUrl:" + dbUrl + "< br/>"
                    + "mysql.userName:" + userName + "< br/>"
                    + "mysql.password:" + password + "< br/>";
        }
    }
```

接着，运行程序，在浏览器中输入 localhost：8888/website/hello，结果如图 B-9 所示。在浏览器中输入 localhost：8888/website/showJdbc，结果如图 B-10 所示。

图 B-9　IDEA 中自定义属性后在浏览器中输入 localhost：8888/website/hello 的结果

图 B-10　IDEA 中自定义属性后在浏览器中输入 localhost：8888/website/showJdbc 的结果

B.4　Spring Boot 开发的一般步骤

B.4.1　软件生命周期

视频讲解

为了应对软件危机，产生了软件工程学。软件工程是指导计算机软件开发和维护的一门工程学科。采用工程的概念、原理、技术和方法来开发与维护软件，把经过时间考验而证明正确的管理技术和当前能够得到的最好的技术方法结合起来，以经济地开发出高质量的软件并有效地维护软件，这就是软件工程。

按照软件工程的理论，软件生命周期由软件定义、软件开发和运行维护（也称为软件维护）3 个时期组成，每个时期又进一步划分成若干个阶段。

软件定义时期的任务：确定软件项目必须完成的总目标；确定项目的可行性；导出实现项目目标应该采用的策略及系统必须完成的功能；估计完成该项目需要的资源和成本，并且制定工程进度表。这个时期的工作通常又称为系统分析，由系统分析员负责完成。软件定义时期通常进一步划分成 3 个阶段，即问题定义、可行性研究和需求分析。

软件开发时期具体设计和实现在前一个时期定义的软件，它通常由总体设计、详细设计、编码和单元测试、综合测试 4 个阶段组成。其中前两个阶段又称为系统设计，后两个阶段又称为系统实现。

运行维护时期的主要任务是使软件持久地满足用户的需要。通常维护活动包括改正性维护、适应性维护、完善性维护和预防性维护。

由于本书主要探讨基于 Spring Boot 的应用开发,所以本书介绍的示例和案例主要说明的是如何用 Spring Boot 进行编码实现(简称为 Spring Boot 开发)。

B.4.2 Spring Boot 开发步骤

Spring Boot 的开发步骤如下。

第 1 步:打开开发工具;

第 2 步:创建项目;

第 3 步:根据情况判断是否需要添加(补充)项目所需的依赖,如果没有需要补充的依赖则跳过此步骤;

第 4 步:创建类、接口(按照实体类、数据访问接口和类、业务接口和类、控制器类等顺序);

第 5 步:根据情况判断是否需要创建视图文件和 CSS 等文件,如果不需要则跳过此步骤;

第 6 步:根据情况判断是否需要创建配置文件,如果不需要则跳过此步骤;

第 7 步:根据情况判断是否需要图片、语音、视频等文件,如果不需要则跳过此步骤;

第 8 步:根据情况判断是否需要下载辅助文件、包和安装工具(如数据库 MySQL),如果不需要则跳过此步骤;由于本书中用到的工具较少且安装使用比较简单,本书对此步骤介绍比较少。

要注意的是,第 3~8 步的 6 个步骤之间的顺序可以互换。完成 Spring Boot 开发之后,就可以运行程序了。

附录C 增、删、改城市名称信息的应用实现

视频讲解

Spring Boot 因其轻量级的开发方式而受到用户的追捧，这使得它成为微信小程序后台开发中比较好的开发工具。本附录介绍 Spring Boot 作为微信小程序后台的一个简单应用，对 Spring Boot 与微信小程序的整合提供一个入门的介绍。若要进行深入的应用还需要对微信小程序和 Spring Boot 开发有较深入的理解。

C.1 作为后台的 Spring Boot 简单应用开发

1. 新建项目添加依赖

新建项目 h，确保在文件 pom.xml 的 < dependencies >和</ dependencies >之间添加了 Web、Lombok 等依赖。

2. 新建类

依次在包 com.bookcode 下创建 entity、dao、controller 等子包。并在包 com.bookcode.entity 中创建类 City，在包 com.bookcode.dao 中创建接口 CityRepository，在包 com.bookcode.controller 中创建类 CityController 和 HelloController。

3. 修改文件

修改在目录 src/main/resources 下的配置文件 application.properties。
上述文件的具体代码请参考本书附带的源代码。
完成上述任务后，整个项目的核心目录和文件结构如图 C-1 所示。

4. 在浏览器中直接访问的结果

运行程序，在浏览器中输入 localhost:8080 后结果如图 C-2 所示。在浏览器中输入 localhost:8080/listcity 后结果如图 C-3 所示。

附录C 增、删、改城市名称信息的应用实现

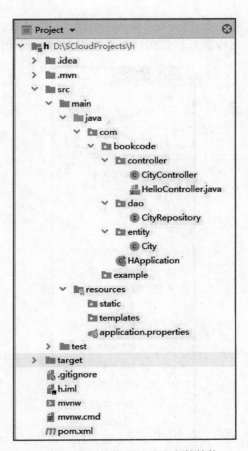

图C-1 项目的核心目录和文件结构

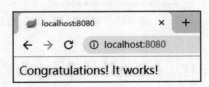

图C-2 在浏览器中输入localhost:8080后浏览器中的输出结果

{"cityList":[{"id":1,"cityName":"南京"},{"id":2,"cityName":"无锡"},{"id":3,"cityName":"徐州"},{"id":4,"cityName":"常州"},{"id":9,"cityName":"苏州"},{"id":10,"cityName":"xz"}]}

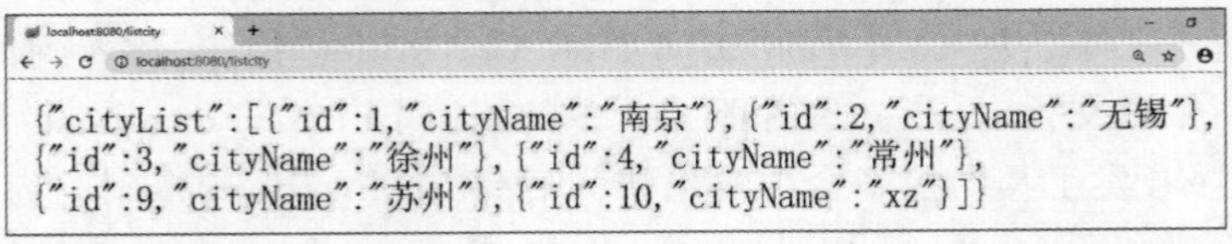

图C-3 在浏览器中输入localhost:8080/listcity后浏览器中的输出结果

C.2 作为前台的微信小程序简单应用开发

C.2.1 新建微信小程序项目文件

依次在目录pages文件中添加hi、hello、list、operation共4个页面,每个页面包括4个

文件，如 hello.js、hello.wxml、hello.wxss、hello.json 为一组文件。项目增加的目录和文件结构如图 C-4 所示。这些文件的具体代码请参考本书附带的源代码。

图 C-4　微信小程序项目增加的目录和文件结构

C.2.2　微信小程序项目运行结果

编译微信小程序，并在 Nexus 6 手机模拟器中显示的首页界面（与 hi.wxml 文件对应），如图 C-5 所示。单击图 C-5 中的"访问 HelloController"按钮，跳转到如图 C-6 所示的界面（与 hello.wxml 文件对应）。单击图 C-6 中的"访问 http://localhost:8080 的结果"按钮，在微信小程序开发工具的控制台中输出访问后台 Spring Boot 得到的内容，如图 C-7 所示。对比图 C-7 和图 C-2，可以发现两者的内容一致。单击图 C-5 中的"调用 CityController"按钮，跳转到如图 C-8 所示的界面（与 list.wxml 文件对应）。对比图 C-8 和图 C-3，可以发现两者的内容一致。单击图 C-8 中的"添加城市"按钮，跳转到如图 C-9 所示的界面（与 operation.wxml 文件对应）。在图 C-9 的文本框中输入要增加的城市名称（如"北京"）后单击"提交"按钮，结果如图 C-10 所示。再次在浏览器中输入 localhost:8080/listcity 后，结果如图 C-11 所示。对比图 C-10 和图 C-11，可以发现两者的内容一致，这说明前台微信小程序的操作和后台 Spring Boot 项目进行了关联，并将操作结果存储到 MySQL 数据库中。

图 C-5 微信小程序项目首页界面

图 C-6 单击图 C-5 中的"访问 HelloController" 按钮后跳转到的界面

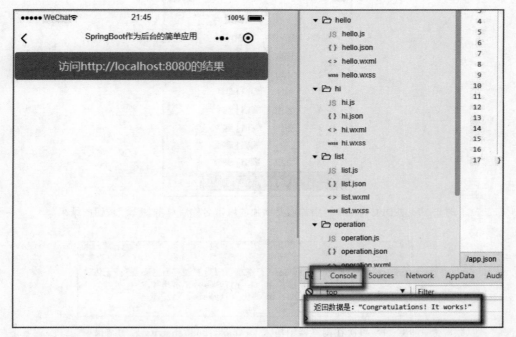

图 C-7 单击图 C-6 中的"访问 http://localhost:8080 的结果"按钮后控制台中输出的返回信息

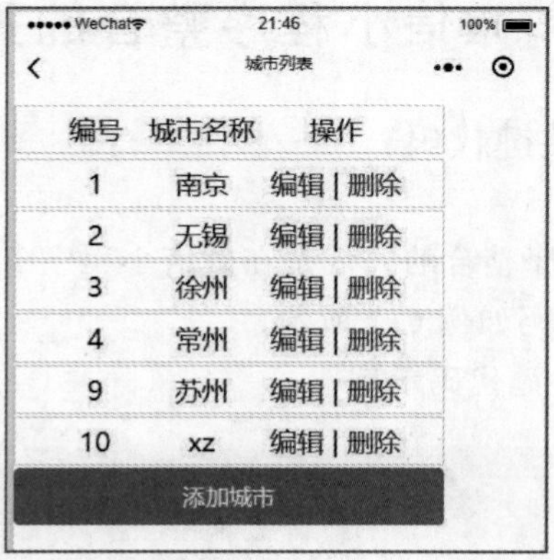

图 C-8 单击图 C-5 中的"调用 CityController"按钮后跳转到的界面

图 C-9　单击图 C-8 中的"添加城市"按钮后跳转到的界面

图 C-10　在图 C-9 文本框中输入要增加的城市名称后单击"提交"按钮的结果

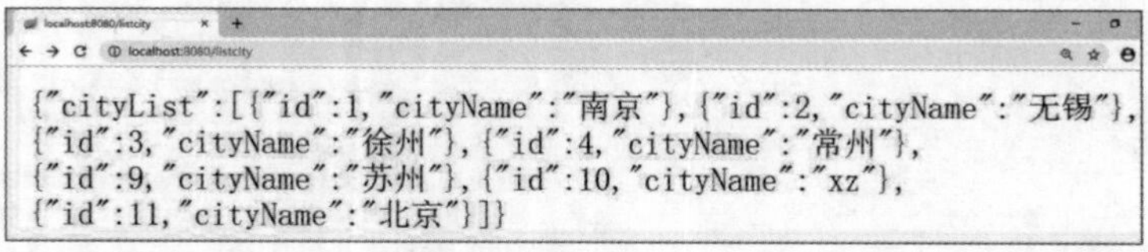

```
{"cityList":[{"id":1,"cityName":"南京"},{"id":2,"cityName":"无锡"},
{"id":3,"cityName":"徐州"},{"id":4,"cityName":"常州"},
{"id":9,"cityName":"苏州"},{"id":10,"cityName":"xz"},
{"id":11,"cityName":"北京"}]}
```

图 C-11　再次在浏览器中输入 localhost:8080/listcity 后的结果

C.3　Spring Boot 和微信小程序整合的关键点

C.3.1　两者整合的关键代码

　　Spring Boot 和微信小程序整合的关键是在微信小程序中访问 Spring Boot 后台项目提供的服务，两者关联的关键代码如例 C-1 所示。

【例 C-1】　两者关联的关键代码示例。

```
//pages/hello/hello.js
……//省略了代码
sayhello: function (e) {
    wx.request({
```

```
        url: 'http://localhost:8080/',
        method: 'GET',
        data: {},
        success: function (res) {
          console.log("返回数据是: " + JSON.stringify(res.data));
        }
      })
    },
......//省略了代码
```

C.3.2 注意事项

微信小程序和服务器进行网络通信的方式包括 HTTPS(请注意不是 HTTP)和 WebSocket 等。默认情况下，微信小程序后台只接收 HTTPS 域名，开发时可以申请此类域名；或者在微信小程序开发工具中进行设置后使用 HTTP 域名。设置方法：单击工具中"详情"按钮后在"本地设置"页中勾选"不校验合法域名、web-view(业务域名)、TLS 版本以及 HTTPS 证书"复选框；勾选后微信小程序就可以使用访问 HTTP 域名(如 localhost：8080)，如图 C-12 所示。

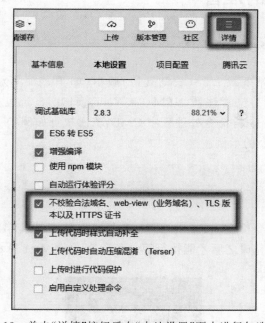

图 C-12　单击"详情"按钮后在"本地设置"页中进行勾选设置

附录D Node.js开发基础简介

D.1 开发环境的准备

D.1.1 下载与安装Node.js

从Node.js官方网站下载LTS(长期支持)版本(如10.16.3)后安装Node.js。安装Node.js时就已经自带了包管理器NPM(如Node.js10.16.3包括NPM6.9)。安装完Node.js之后,打开Windows命令处理程序CMD,依次执行如例D-1所示的两条命令。

【例D-1】 两条命令的示例。

```
node -v
npm -v
```

例D-1中第一条命令检验Node.js版本(和是否安装成功),第二条命令检验NPM的版本。第一条命令执行完成之后才能执行第二条命令,如图D-1所示。

图D-1 在Windows命令处理程序CMD中执行完第一条命令后再执行第二条命令

D.1.2　获得 IDEA 旗舰版

学校的学生、老师可以免费从官方网站上下载一年期的 IDEA 旗舰版。一年之后，可以申请继续免费使用。

非在校学生或教师可以下载 IDEA 旗舰版的免费试用版。或者，在 GitHub 上准备一个维护超过 3 个月的项目开源项目，免费使用一年期的 IDEA 旗舰版。一年之后，可以申请继续免费使用。获得旗舰版的 IDEA 之后，就可直接创建 Node.js 项目了。

D.2　创建 hellonode 项目

D.2.1　创建项目

安装完成后打开 IDEA，将显示如图 D-2 所示的欢迎界面。单击 Create New Project 链接后选择创建项目类型 Node.js and NPM，如图 D-3 所示。单击 Next 按钮后，显示新项目信息设置界面，输入项目名称 hellonode，并保留其他默认信息，如图 D-4 所示。单击 Finish 按钮后，成功创建项目。

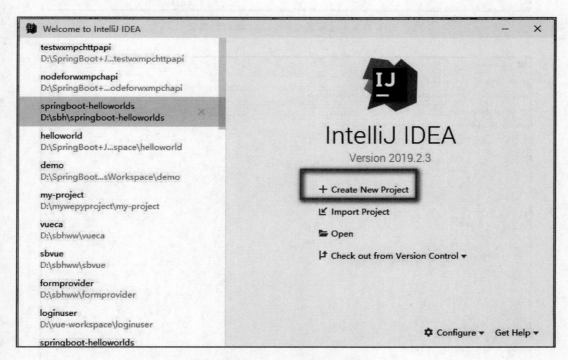

图 D-2　IDEA 启动后的欢迎界面

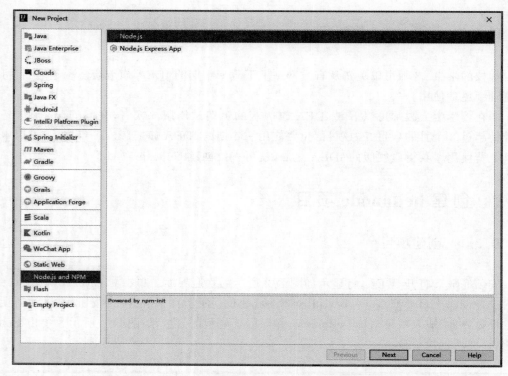

图 D-3　选择新建 Node.js 项目的界面

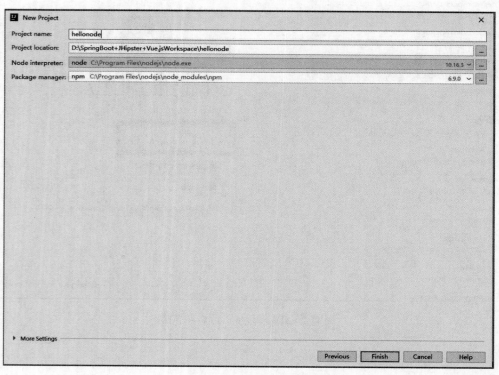

图 D-4　新项目信息设置界面

D.2.2 创建目录和文件

创建完项目之后,如图 D-5 所示。可以在项目根目录下创建新的子目录(如 firstdir)、在子目录下创建文件(如 index.js),如图 D-6 所示。

图 D-5 新项目所包含的目录和文件

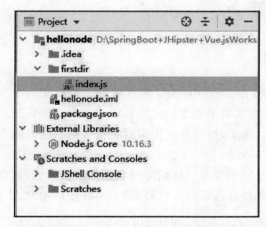

图 D-6 在项目中创建子目录 firstdir 及在子目录中创建文件 index.js

附录E

插件云开发简介

视频讲解

E.1 插件开发简介

E.1.1 插件简介

插件是对一组JavaScript接口、自定义组件或页面的封装，可嵌入小程序中使用。插件不能独立运行，必须嵌入在其他小程序中才能被用户使用；而第三方小程序在使用插件时，也无法看到插件的代码。因此，插件适合用来封装自己的功能或服务，提供给第三方小程序进行展示和使用。

插件开发者可以像开发小程序一样编写一个插件并上传代码，在插件发布之后，其他小程序方可调用。小程序平台会托管插件代码，其他小程序调用时，上传的插件代码会随小程序一起下载运行。

相对于普通JavaScript文件或自定义组件，插件拥有更强的独立性，拥有独立的API接口、域名列表等，但同时会受到一些限制，如一些API无法调用或功能受限。还有个别特殊的接口，虽然插件不能直接调用，但可以使用插件功能页来间接实现。

同时，框架会对小程序和小程序使用的每个插件进行数据安全保护，保证它们之间不能窃取其他任何一方的数据（除非数据被主动传递给另一方）。

E.1.2 创建插件项目

在用微信开发者工具创建插件小程序项目时，要填写或选择项目基本信息（项目名称、项目所在的目录、AppID、开发模式），界面如图E-1所示。创建完成后的项目初始目录和文件如图E-2所示。

附录E 插件云开发简介

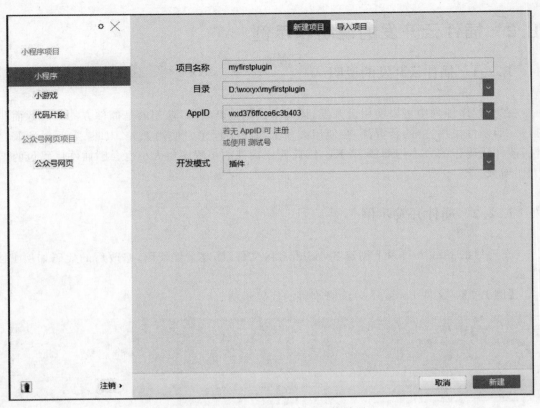

图 E-1 创建插件小程序项目的界面

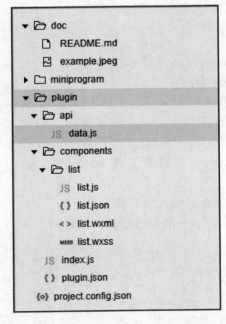

图 E-2 创建完成后的项目初始目录和文件

E.2 插件云开发的说明和示例

E.2.1 插件云开发的说明

在小程序插件中可以使用云开发,插件中使用云开发时,使用的是插件方的云资源而非宿主(即插件使用方)的云资源,在使用方式上与在小程序中使用无异。如果需要保证兼容性,插件代码包的大小约增加 70 KB,因此使用插件的小程序包大小也会因插件代码包的增大而增大。

E.2.2 插件开发示例

在项目的 plugin 目录下创建 bookinfos.js 文件,修改文件代码,修改后的代码如例 E-1 所示。

【例 E-1】 文件 bookinfos.js 修改后的代码示例。

```
var data = require('./api/data.js')
module.exports = {
  getData: data.getData,
  setData: data.setData
}
```

修改在项目的 plugin 目录下的 plugin.json 文件,修改后的代码如例 E-2 所示。

【例 E-2】 文件 plugin.json 修改后的代码示例。

```
{
  "publicComponents": {
    "bookinfos": "components/bookinfos/bookinfos",
    "list": "components/list/list"
  },
  "main": "bookinfos.js"
}
```

在目录 plugin/components 下创建文件 bookinfos.wxml、bookinfos.js、bookinfos.wxss 和 bookinfos.json。

文件 bookinfos.wxml 修改后的代码如例 E-3 所示。

【例 E-3】 文件 bookinfos.wxml 修改后的代码示例。

```
<view class = "pagetitle">本行及下面是插件的内容</view>
<view class = "pagetitle">显示书籍价格信息</view>
<view class = 'widget' wx:for = "{{list}}" wx:key = "index">
  <text class = 'column'>{{item.title}}:</text>
  <text class = 'column'>{{item.price}}</text>
</view>
```

文件 bookinfos.js 修改后的代码如例 E-4 所示。

【例 E-4】 文件 bookinfos.js 修改后的代码示例。

```
Component({
  data: {
    list: []
  },
  attached: function() {
    var that = this
    //对云数据库的访问
    wx.cloud.init()
    const db = wx.cloud.database()
    //get()方法会触发网络请求,从数据库取数据
    db.collection('books').get({
      success(res) {
        console.log(res)
        that.setData({
          list: res.data
        })
      }
    })
  }
})
```

文件 bookinfos.wxss 修改后的代码如例 E-5 所示。

【例 E-5】 文件 bookinfos.wxss 修改后的代码示例。

```
.pagetitle {
text-align: center;
font-size:20px;
font-weight: bolder;
color:red;
}
.widget {
  position: relative;
  margin-top: 5rpx;
  margin-bottom: 5rpx;
  padding-top: 10rpx;
  padding-bottom: 10rpx;
  padding-left: 40rpx;
  padding-right: 40rpx;
  border: #ddd 1px solid;
}
.column {
  display: table-cell;
}
```

文件 bookinfos.json 修改后的代码如例 E-6 所示。

【例 E-6】 文件 bookinfos.json 修改后的代码示例。

```
{
  "component": true
}
```

保持目录 plugin/api 及位于该目录下的 data.js 内容不变，保持 plugin 目录下的 project.config.json 文件内容不变。

E.2.3 插件使用示例

修改在项目的 miniprogram 目录下的文件 app.json，修改后的代码如例 E-7 所示。

【例 E-7】 文件 app.json 修改后的代码示例。

```
{
  "pages": [
    "pages/books/books",
    "pages/index/index"
  ],
  "plugins": {
    "myPlugin": {
      "version": "dev",
      "provider": "wxd376ffcce6c3b403"
    }
  },
  "sitemapLocation": "sitemap.json"
}
```

编译项目，自动在目录 miniprogram/pages 下创建 books.wxml、books.js、books.wxss 和 books.json 文件。

文件 books.wxml 修改后的代码如例 E-8 所示。

【例 E-8】 文件 books.wxml 修改后的代码示例。

```
<!-- pages/books/books.wxml -->
<text style="color:blue;font-weight:bolder;font-size:16px;">本行是调用插件页面的内容</text>
<bookinfos />
```

文件 books.js 修改后的代码如例 E-9 所示。

【例 E-9】 文件 books.js 修改后的代码示例。

```
//pages/books/books.js
var plugin = requirePlugin("myPlugin")
Page({
  onLoad: function () {
    plugin.getData()
  }
})
```

文件 books.json 修改后的代码如例 E-10 所示。

【例 E-10】 文件 bookinfos.json 修改后的代码示例。

```
{
  "usingComponents": {
    "bookinfos": "plugin://myPlugin/bookinfos"
  }
}
```

E.2.4 运行示例程序

编译项目,运行程序,在微信开发者工具的模拟器中输出结果如图 E-3 所示。

图 E-3 插件项目运行结果

参 考 文 献

[1] 微信小程序官方文档[EB/OL].[2019-10-7]. https://developers.weixin.99.com/miniprogram/dev/wxcloud/basis/getting-started.html.
[2] 吴胜.微信小程序开发基础[M].北京:清华大学出版社,2018.
[3] 吴胜.Spring Boot 开发实战—微课视频版[M].北京:清华大学出版社,2019.

图书资源支持

感谢您一直以来对清华版图书的支持和爱护。为了配合本书的使用,本书提供配套的资源,有需求的读者请扫描下方的"书圈"微信公众号二维码,在图书专区下载,也可以拨打电话或发送电子邮件咨询。

如果您在使用本书的过程中遇到了什么问题,或者有相关图书出版计划,也请您发邮件告诉我们,以便我们更好地为您服务。

我们的联系方式:

地　　址:北京市海淀区双清路学研大厦 A 座 714

邮　　编:100084

电　　话:010-83470236　010-83470237

客服邮箱:2301891038@qq.com

QQ:2301891038(请写明您的单位和姓名)

资源下载:关注公众号"书圈"下载配套资源。

书圈

获取最新书目

观看课程直播